生态文明（生态道德）教育丛书

自然笔记

武汉出版社 版
WUHAN PUBLISHING HOUSE

ZIRAN BIJI

《生态文明（生态道德）教育丛书》编委会/组编

湖北省教育科学研究"十三五"规划课题阶段性成果

课题名称：习近平生态文明思想指引下的中小学幼儿园生态文明教育
实施策略研究

课题编号：2019JB240

（鄂）新登字 08 号

图书在版编目（CIP）数据

自然笔记 /《生态文明（生态道德）教育丛书》编委会组编 . —武汉：武汉出版社，
2022.10

ISBN 978-7-5582-5370-6

Ⅰ . ①自… Ⅱ . ①生… Ⅲ . ①生态文明 – 研究 – 中国 Ⅳ . ① X321.2

中国版本图书馆 CIP 数据核字（2022）第 124272 号

组　　编：《生态文明（生态道德）教育丛书》编委会

本册主编：程　慧

策划编辑：林　华

责任编辑：林　华

装帧设计：刘　勃

出　　版：武汉出版社

社　　址：武汉市江岸区兴业路 136 号　　　　邮　　编：430014

电　　话：(027) 85606403　　　　85600625

http://www.whcbs.com　　E-mail:whcbszbs@163.com

印　　刷：武汉新鸿业印务有限公司　　　　经　　销：新华书店

开　　本：787 mm×1092 mm　　　1/16

印　　张：7　　字　　数：140 千字

版　　次：2022 年 10 月第 1 版　　　2022 年 10 月第 1 次印刷

定　　价：38.00 元

关注阅读武汉
共享武汉阅读

生态文明（生态道德）教育丛书

前言

　　生态兴则文明兴，生态衰则文明衰。《中共中央 国务院关于加快推进生态文明建设的意见》指出："积极培育生态文化、生态道德，使生态文明成为社会主流价值观，成为社会主义核心价值观的重要内容。从娃娃和青少年抓起，从家庭、学校教育抓起，引导全社会树立生态文明意识。把生态文明教育作为素质教育的重要内容，纳入国民教育体系和干部教育培训体系。"

　　观鸟、自然笔记、湿地等生态文明（生态道德）教育专题引导青少年走进大自然，用一种探索的态度去研究自然界的生命现象，了解人与自然之间的关系。不仅普及了知识，培养了技能，让孩子们远离自然体验缺失症，同时也唤起了他们对自然的热爱和对美好生态环境的向往，培育了他们用行动改善生态环境的意识。

　　本丛书在编写过程中，调查了不同目标群体的需求特点，整合了编写人员多年的教育实践经验，征求了国内一些知名专家的意见，力争做到图文并茂、深入浅出、通俗易懂，特别是对中小学和幼儿园师生以及一般爱好者，都有较好的适用性。对于不同的目标群体，本丛书的使用策略有所不同：教师和高中学生以自学为主，进度不必受限于单元和章节安排；初中学生和有一定基础的小学生，可在教师指导下每次学习多节甚至一个单元；零基础的小学生，以教师教授为主，侧重于激发兴趣；对于幼儿，则可由教师或家长先学习，再带领他们一起体验课程的乐趣。

本丛书的编写得到了武汉市江汉区教育局的大力支持，同时也得到了来自全国的各级野生动植物保护、生态环境、园林和林业、自然资源等部门，科研机构，基金会及协会，教育部门及学校等相关单位和专家们的大力支持，在此一并表示感谢！由于时间仓促，水平有限，缺点和错误在所难免，恳请广大读者朋友提出宝贵意见。

小朋友和大朋友们，让我们一起走进大自然，去观赏鸟儿的美丽，去聆听花开的声音，去探究湿地的奥秘，去记录生物多样性之美，去捕捉大自然精彩的瞬间。同时，也积极参与生态环境保护行动，从身边做起，从小事做起，从节水节电和垃圾分类做起，养成绿色低碳、文明健康的生活习惯，为构建人与自然和谐共生的全球生命共同体贡献自己的力量！

《生态文明（生态道德）教育丛书》编委会

2022 年 5 月

目录

第一单元 走进自然笔记

　　"自然"一般是指自然界，包括无机界和有机界。那么自然笔记又是什么呢？就让我们带着好奇心一起走进这本有趣的书中，好好去感受一下自然笔记的斑斓色彩吧！

1 什么是自然笔记

众所周知，大自然是个了不起的艺术家。到大自然中去感受，去探索，用你的纸和笔将自己的观察、发现、思考或研究，以图文的方式记录下来，那就是一篇独一无二的自然笔记。来吧，让我们一起来学习如何为大自然做笔记吧！

 聚焦

自然笔记的"前世今生"

15世纪末至16世纪初，随着西方探险家与航海家远赴异域探险，人们开始对陌生地域的自然现象进行较为客观的观察和科学的记录。他们在日记本上记下当地时间，详细描述标本的特征、所处环境以及当时伴随的自然现象，并写下自己的思考，这就是早期的"自然笔记"。

由于自然教育的兴起，现在有不少同学纷纷开始创作属于自己的自然笔记。

学生作品

2

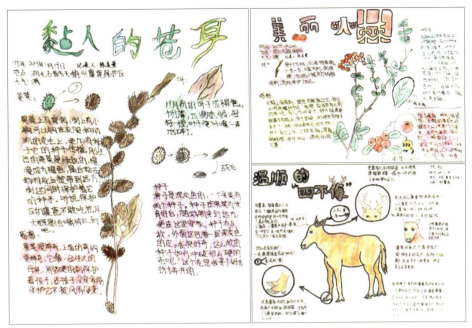

学生作品

他们在自然中打开"五感"，观察和发现自然中的现象和秘密；他们在活动中打开思维，探索自然，了解与自然联结的方法……通过自己的所见、所思和自然交流，寻找同自然友好相处的方式。大家是否也心动了呢？心动不如行动起来哟！

笔记小贴士：什么是五感？

五感是指人的五种感觉：视觉、听觉、味觉、嗅觉、触觉。

视觉：指物体的影像刺激视网膜所产生的感觉，包括颜色、明暗、颜色与明暗的分布与对应关系等。

听觉：指声波振动鼓膜所产生的感觉，包括音调、响度、音色等。

味觉：指舌头与液体或溶解于液体的物质接触时所产生的感觉，包括甜、酸、苦、咸等。

嗅觉：指鼻腔黏膜与某些物质的气体分子相接触时所产生的感觉，包括香、臭等。

触觉：指皮肤等与物体接触时所产生的感觉，包括冷热、冰烫、软硬、痛痒、光滑和粗糙等。

自然笔记的要素

一篇完整的自然笔记包含哪些内容呢？让我们一起看看一位同学的自然笔记，在他的作品里寻找答案吧！

学生作品

笔记小贴士：自然笔记的要素

1. 记录人：不同的人对自然物的感受不同。

2. 地点：不同地区的物种不同，同一个物种在不同区域的表型或行为也不同。记录地点有助于发现规律。

3. 时间：记录时间有助于后期开展对比研究。

4. 天气：不同天气情况下自然现象差异很大，只有记录下来才能进行总结，发现其规律。

5. 主题：主题是对自然笔记内容的概括，有趣的主题使笔记更加生动。

6. 图文内容：这一部分是自然笔记的主体，应尽量客观描述。

7. 心情：心情可以影响观察的感受。如果没有特别的心情，这一项有时也可以省略。

在自然笔记作品中，一般包含记录人、地点、时间、天气、主题、图文内容和心情这些基本记录要素。

想一想：如果没有记录这些信息，会有哪些影响呢？

 实践

我们一起来"找茬"

请认真观察以下两种记录植物的方式，和小伙伴们说一说它们有什么区别，又有哪些共同特点。

		左图	右图
区别	内容		
	形式		
共同特点			
我还想说			

笔记小贴士：创作自然笔记要领

对于自然笔记而言，画面和文字的精美程度并不是最重要的。作为记录者的我们，能够在与大自然对话的过程中，增进对大自然的了解，发现大自然的特点，获得对大自然的热爱和尊重，这才是自然笔记的意义所在。

第一次尝试创作自然笔记，可以选择小草或树叶进行记录，它们的外形较为简单，容易记录。

拓展

做生活的"有心人"

同学们，快快拿起你手中的纸和笔，用眼睛认真地观察，用耳朵仔细地聆听，用心去感受，用笔去记录自然之美吧！——做生活的"有心人"，让"记录自然"成为日常习惯，你会发现自然之美无处不在。

2 准备创作自然笔记

同学们，让我们一起准备为大自然做笔记吧！创作自然笔记需要准备哪些工具呢？自然笔记的对象有哪些呢？一定要到野外去做自然笔记吗？别着急，这些问题都将在这一节里为大家一一解答！

聚焦

做好准备

创作自然笔记，画纸、笔和橡皮擦这样的物品是必备的。

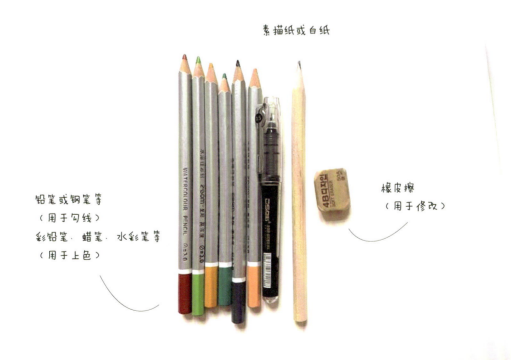

素描纸或白纸

铅笔或钢笔等
（用于勾线）
彩铅笔、蜡笔、水彩笔等
（用于上色）

橡皮擦
（用于修改）

除此之外，还有一些辅助工具大家在户外观察时可能会用到。

照相机、手机：便于拍下不认识的动植物，供后期学习交流

直尺或卷尺：便于精确地测量各种自然物的大小

放大镜：便于更深入地观察自然物，看清细节

手表、指南针、温度计：便于记录自然笔记的时间、地点及当时的天气

各类图鉴书：便于了解身边的动植物

生活用品：到户外做自然笔记，还需准备水杯、遮阳帽和雨伞等户外生活用品

在户外做自然笔记，只是远远眺望是不行的哟！大自然可不会轻易把她的"秘密"透露出来。除了准备好常用工具外，你还需要做好心理准备去接触、接受大自然中那些看起来"可怕"的事物，比如土壤里、植物上的小虫子等。你准备好了吗？

选择对象

　　大自然是一座丰富的宝库，看起来安静的花草树木、热爱运动的鸟兽虫鱼，还有天空和大地……随处都是自然笔记的素材。只要你主动观察，尽可能准确地记录你的发现，与自然交流的过程就会让你收获越来越多的惊喜。

枇杷

花叶蔓长春花

万寿菊

麦冬

樱桃萝卜

蝴蝶

鹊鸲

家鹅

选择时间和地点

创作自然笔记一定要到野外去吗？其实，生活在城市的我们，可以先将目光聚焦于我们身边的环境：小区的绿地、附近的公园、路边的林荫道、校园的花坛等。寻找身边的自然物进行观察和记录，同样可以体验到发现的乐趣。某些自然物或自然现象，在不同时间表现出来的状态不一样，持续地观察、记录并思考，通过自然笔记去了解和探索，和同学、老师进行交流，点燃思考的火花，一定也很有意思。

小区

公园

路边

校园

"自然笔记"不要求你画技多么高超，文字多么华丽，而是需要你有一颗愿意体验自然、融入自然的心，能从注视到观察，从观察到发现，从发现到探究，从探究到理解，从理解到思考。

让我们一起来欣赏几位同学的自然笔记作品吧！

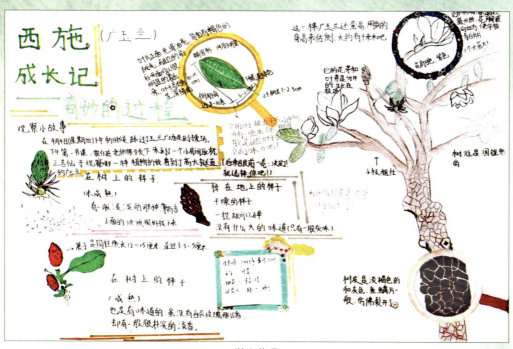

学生作品

学生作品

学生作品

说一说：以上自然笔记各有哪些特点？一篇自然笔记应该具备哪些要素？

 实践

小试牛刀——第一篇自然笔记

同学们，请拿起笔和纸，去尝试记录你眼中的自然之美吧！

笔记小贴士：观察与记录的建议

一、观察的建议

1. 第一次创作自然笔记，可以选择定点观察的方法，选择小区域中相对静态的自然物完成记录。

2. 如果平时就有和大自然交流的习惯，不妨参考以下方式，先选择好记录对象，再完成记录。

方式一：地面观察——近距离探索（放大镜模式）。

方式二：俯视观察——走动搜寻（描绘重点）。

二、记录过程中的注意要点

1. 选择好观察对象，先勾勒外形或特点，再用文字进行描述。

2. 自然物的特点、环境中的生态关联等，是记录的重点。不要过于追求画面美感而使得内容不够全面。

3. 不要急着搜索观察对象的名称和相关知识，充分观察并思考才是重点。可以尝试先用观察对象的特点命名，以方便记录；待完成自然笔记后，再通过资料搜集去了解相关知识和丰富自己的积累。

拓展

展示我的第一篇自然笔记

向老师和同学们秀一秀自己的第一篇自然笔记作品，并介绍自己的设计思路和创作过程。谈一谈自己的收获和体会，听一听老师和同学们的建议。

3 让自然笔记更美

"这朵花的花瓣太多了，我一层一层地画，总是画不好，修改了多次还是不满意。我都画不下去了。""我画的这只小动物比例严重失调，可怎么办啊？"……我们怎样才能让自然笔记更美呢？

 聚焦

从"选景"开始

走进大自然，常常会被自然界的神奇和美丽所吸引：大到茫茫草原，小到一片花瓣，见到打动自己的景物，不妨用手或身边的物件制作简易取景框，再将选出的自然景物合理安排，变成属于自己的自然笔记作品。

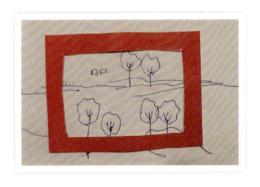

确定了观察对象，我们需要思考以下几个问题：

1. 我的自然笔记的重点是什么？该从哪个角度或方位去描绘？

2. 观察对象是长条形还是肥短形？放在一页纸的哪个位置最合适？构图和文字说明怎样布置才比较合理？

3. 还有哪些因素能让我的自然笔记条理更清晰、表达更科学、布局更美观？

整体布局

自然笔记既有文字又有图画，针对细节或局部，常常通过特写图来做具体说明。我们可以以图画为主，配少许文字；也可以以文字为主，配少许图画。具体如何布置才合理呢？我们一起来研究吧。

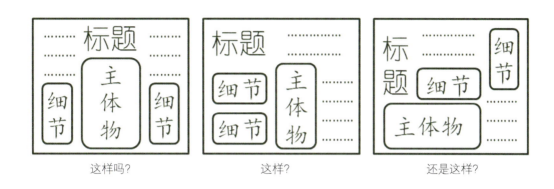

这样吗？　　　　　　这样？　　　　　　还是这样？

主体物：就是你想重点突出的内容——植物或者动物，也可以是全景的缩略图等。

细节：可以是主体物周围的自然环境或自然物，也可以是与之关联的其他物体等。还可以用来表现不同阶段的状态。

周围的"……"为文字部分，呈现自然笔记要素或是其他相关的文字说明等。

下面是同一内容的三种不同构图形式，大家更喜欢哪一种呢？

一篇美观、清晰的自然笔记，需要我们在观察和思考的基础上，条理清晰地布局，认真细致地记录，有序工整地绘制。

　　布局的一般步骤：由大到小（由整体到部分）。把大的关系布置好后，再规划每一个小区域，开始由"整体布局"向"局部布局"转移。

局部布局

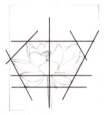

根据需要添加任意辅助线

添加标准的网格式辅助线

笔测法

　　一朵盛开的荷花，如何在自然笔记中绽放呢？这就需要我们画出花儿本身的层次，画出花的合理的比例。下面，我们一起动手试一试。

　　方法一：添加"辅助线"。

　　用好"辅助线"，可以将所绘物体与实际物体关联起来，帮助我们画画不走形。"辅助线"可以根据实际情况任意添加，也可以打上标准的网格线，网格越密，参照越多，造型就越精准。辅助线要轻轻打，隐隐约约看得见就行。主体物完成后要能擦掉辅助线，让画面干净清爽。对着大自然写生，网格线不好打，辅助线添加有些困难，可以用"笔测法"。身体坐直，手臂伸直，把画笔当尺子，保持手中的画笔与自己的身体平行，就可以平移你看到的辅助线（如下图中第 1 步至第 4 步）。接下来，转动画笔测量出 "任意辅助线"的斜度，然后把测出来的斜度搬（平移）到你的画纸上就好了（如图中第 5 步、第 6 步）。通过笔的长度也可以判断出物体各部分之间的比例关系。很有意思吧！

你看，运用"笔测法"，一朵盛开的荷花就这样跃然纸上啦！

简单来说，就是先大范围布局，再关注局部进行小范围布局，一层一层从大到小。

方法二：轮廓盲画法。

这种绘图方法，先模拟（虚拟地）表现出物象大概的样子，再不断精确、不断完善。

例如：

任何一种绘图方法都需要认真反复地练习，才能画得越来越熟练，越来越精准，越来越快速。初步尝试时要注意以下四点：

1. 创作自然笔记，首先要忠实地描绘所见物体，画得不像没关系，心态要放轻松。

2. 创作自然笔记，需要持续坚持。不怕图纸被弄脏（被画出很多痕迹），不要指望一次成功。一件好的作品往往需要添加很多条辅助线，不断调整和修正，才能最终定型。

3. 要选择洁净又能完全擦拭干净的橡皮擦。先用铅笔轻轻地画辅助线，以自己看得见又擦得干净为好。擦拭时下手要轻，不要擦破或擦皱纸张。普通铅笔顶端自带的那种橡皮擦容易留下黑印，通常不建议使用。

4. 一半凭感觉，一半用测量，几种方法轮番上，哪种好用用哪种。潜下心来，重质量而别太追求速度，大胆去尝试就是了。

练一练：打上网格或连一连辅助线，试着画一画前面图中的荷花吧。

实践

以"荷花"为题创作一篇自然笔记

在户外寻找一处荷花池。仔细观察一朵朵荷花、一只只莲蓬，再看看周围的荷叶、蜻蜓……荷花池里，最吸引你的是荷叶、荷花，还是水面上的一只蜉蝣？是颜色，还是姿态？是气味，还是意境？为什么？用学到的方法，把你观察荷花时所见到的、所嗅到的、所想到的内容记录下来吧，这就是一篇以"荷花"为主题的自然笔记！

笔记小贴士：让自然笔记更美

1. 选择合适的观察角度，布局上更好地突出主体物和相关细节。

2. 在合理取舍的基础上，综合考虑作品整体的平衡、疏密以及轻重关系，可以让作品重点突出、干净清爽。

3. 不同的对象可能对工具和材料有不同的要求，应选用更有利于体现对象特点的工具和材料。

拓展

改进你的自然笔记

如何让自然笔记更美？一方面，可以结合观察对象的特点，有针对性地设计自然笔记的版式，探讨版式与观察对象的有机结合。另一方面，还可以从构图、布局、字体、色彩以及画面的整体感受方面，逐一进行改进，或者听听同学及老师的意见，思考改进方案。最后，多欣赏一些优秀作品，可以得到启发和创作灵感。

第二单元 观察和记录植物

　　俗话说"人往高处走，水向低处流"，植物却有自己的脾气，它们的根总是向下生长，而茎则往上生长。不同的植物有着不同的茎和叶，结出千奇百怪的果实和种子，构成多姿多彩的植物世界。

　　万物复苏的春天，百花争奇斗艳，有些植物则一定要等到夏天、秋天或者冬天才绽放美丽的花朵。让我们带着好奇心，一起去观察、记录，发现植物生命的美好和奥秘。

4 观察和记录植物的根、茎、叶

不同植物的根、茎、叶大不相同，它们各自有哪些主要特征？让我们拿起放大镜，带上记录本，去探寻、观察、记录奇妙的根、茎、叶吧。

 聚焦

奇特的根

根是植物的营养器官，通常位于地下，具有吸收土壤中的水分和无机盐、固定植株等作用，有些植物的根还能储存营养或进行繁殖。

落羽杉的呼吸根

根有许多奇妙的特性，比如向水性、向肥性和向地性。

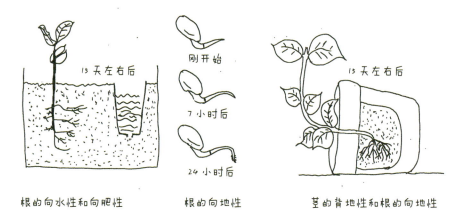

根的向水性和向肥性　　　根的向地性　　　茎的背地性和根的向地性

根系往往隐藏在土中不易看到，我们该怎样观察呢？我们可以通过挖掘或进行发芽实验来观察它们，通过自然笔记来记录它们。下面是自然笔记作品《奇特的根》，让我们来看看这位同学是怎样通过自然笔记进行观察和记录的。

时间：2019 年 4 月 15 日 -30 日
地点：家里
天气：室温 20 摄氏度左右
记录人：××

奇特的根

用一个透明的杯子装入浸泡过的黄豆，为了便于观察，可以用湿纸替代土壤。

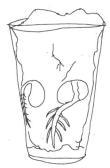

在 20 摄氏度左右的室温下，5 天我就看到黄豆长出了根。

在半个月的观察中，我还测量了根的长度、粗细，观测了它的软硬、颜色等特征。

长度	颜色	粗细、形状	软硬
不到 1 厘米	白色透明	芽尖很细	软
1 厘米左右	白色带绿	较细	较软
3~5 厘米	浅绿色带黄	细长、带须	有点硬
10 厘米左右	偏黄绿色	变粗了一点、带须	有点硬

在野外，我找到了蒲公英和狗尾草。在尽量不破坏植被的前提下，带土挖掘出少量完整植株。用流水冲洗干净泥土，仔细观察它们的根，我发现：蒲公英的根中间粗大、旁边细小，狗尾草的根都比较细小；蒲公英的根是直根，狗尾草的根是须根。

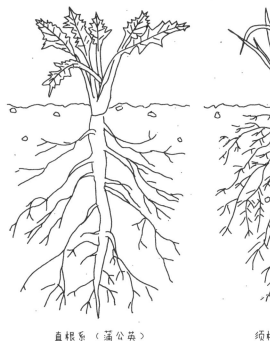

直根系（蒲公英）

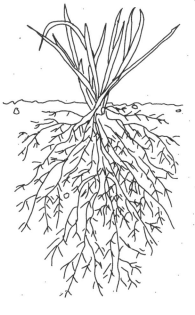

须根系（狗尾草）

多变的茎

　　植物的茎是连接植物的根和叶的部位。茎将水分和营养输送到植物身体的各部分，同时支撑着植物。植物中有哪些常见形态的茎呢？下一页是一位同学创作的自然笔记，看看我们能发现哪些不同种类的茎，比较一下它们各自有哪些特征。

牵牛花的缠绕茎

时间：2019 年 9 月 13 日
地点：校园种植园
天气：晴
记录人：XX

多变的茎

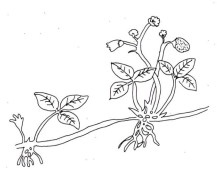

葡匐茎

种植园里的草莓正在开花结果，它的茎就像倒在地上一样向前爬行，顺着茎，我发现前后的草莓株连在一起。

攀援茎

种植园里的葡萄刚刚结出果实，它的茎真奇怪，在茎节处又长出细小的长茎，缠绕在竹竿架子上向上攀爬生长。

种植园里的牵牛也开花了，它的茎一圈一圈地绕在竹竿上，用手都拉不开，缠绕得真紧。

缠绕茎

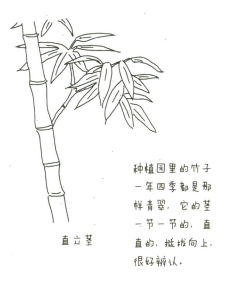

种植园里的竹子一年四季都是那样青翠，它的茎一节一节的，直直的，挺拔向上，很好辨认。

直立茎

练一练：我们身边还有许多植物，它们的茎是什么样子的？比较一下，也试着画一画。把你观察到的特征用自然笔记的形式记录下来。

有些植物我们容易弄混它们的根与茎，其实我们可以根据根与茎的形态特征来区分。仔细观察，你会发现茎上有节，节上生叶，茎顶端和节上叶腋处都生有芽。

竹笋是熊猫最喜欢吃的食物之一，你知道它是竹子的哪个部分吗？

竹笋

练一练：试着把洋葱的鳞茎和水杉的直立茎记录在纸上。

形态各异的叶

　　植物的叶种类繁多，我们怎样观察和研究它们呢？一般来说，从整体看，一片完整的叶由托叶、叶柄和叶片组成。走进花园，我们可以看到形态各异的叶。来看看一位同学的自然笔记。

时间：2019 年 6 月 1 日
地点：小区
天气：晴
记录人：××

形态各异的叶

一片完整的叶由托叶、叶柄和叶片组成。叶柄与茎的连接处有托叶、腋芽。叶片上有叶脉。

单叶

复叶的种类还有很多，往往我们会把它当成许多片叶，其实不是哦！

奇数羽状复叶　二回羽状复叶　掌状复叶　　掌状三出复叶　羽状三出复叶　单生复叶

复叶

通过观察，我们发现，不同植物的叶片有着不同的形状，我们称为叶形。

心形　　披针形　　卵形

针形　　带形

圆形

叶子的形状千姿百态，除了这些常见的样子，相信你还会有新发现！

扇形　　掌形　　戟形

采集一些叶子，用放大镜仔细观察。

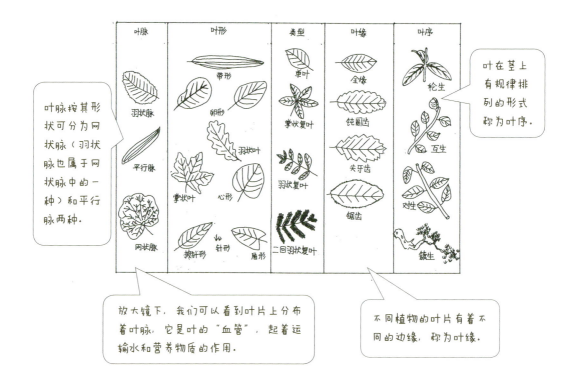

叶脉按其形状可分为网状脉（羽状脉也属于网状脉中的一种）和平行脉两种。

放大镜下，我们可以看到叶片上分布着叶脉，它是叶的"血管"，起着运输水和营养物质的作用。

不同植物的叶片有着不同的边缘，称为叶缘。

叶在茎上有规律排列的形式称为叶序。

练一练：收集几种树的叶，把你观察到的叶的特征记录在纸上。

创作记录植物根、茎、叶的自然笔记

在户外找到一种你喜欢的植物，观察它们的根、茎或叶，想一想：它们分别属于哪种类型？有哪些主要特征？你还有哪些发现（比如颜色、大小、质感、气味、粗细、形状、周围环境……）？把你观察到的现象通过绘画和文字记录下来，形成一篇自然笔记作品。

笔记小贴士：如何创作记录植物根、茎、叶的自然笔记？

1.绘画记录时要注意比例，既要体现花朵的整体形状，茎、叶之间的遮挡关系，又要注意局部的特征。可查阅资料或询问老师，再标注出主要结构的名称。

2.植物的根、茎、叶是有生长顺序和过程的，别忘了写下观察记录的时间。

3.观察的时候，可以用眼睛看，也可以用手摸或用鼻子闻，还可借助放大镜观察细节。若想对某一特点进行强调，可在画纸上把它放大为特写，进行详细说明。

4.不要随意采摘，以免破坏植物的正常生长。也不要随意用口去品尝，以防中毒或引起身体不适。

5.给你的作品取一个有趣的标题。

拓展

观察植物的叶序

在同一植株上，叶在茎上有规律排列的形式称为叶序。不同的植物，其叶序会有不同。到植物种类较丰富的植物园或公园去，观察不同植物的叶序，把你观察到的叶序的特征记录下来。

5 观察和记录植物的花、果实、种子

所有的植物都会开花吗？所有的花朵都能结果吗？种子藏在哪里呢？让我们一起来探索花朵、果实和种子的秘密吧。

聚焦

美丽的花

走进花园，我们能看到各种各样的花。找一些花，记录它们的颜色，观察它们的结构，你有什么发现？

时间：　　　　　　　　　　地点：

名称	颜色	名称	颜色
荷花	粉红色、白色		

一般情况下，一朵完整的花由花梗（也叫花柄）、花托、花萼、花冠（也叫花瓣）、雄蕊（包含花药、花丝）、雌蕊（包含柱头、花柱、子房和胚珠）六个部分组成。留意花的颜色、结构、气味：它们都有哪些特点？属于哪个种类？你又有哪些感受？

下面是一位同学创作的自然笔记，来看看吧！

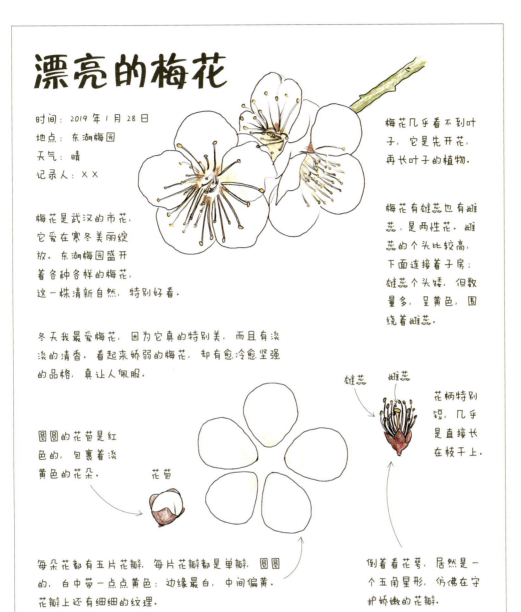

漂亮的梅花

时间：2019年1月28日
地点：东湖梅园
天气：晴
记录人：××

梅花是武汉的市花，它爱在寒冬美丽绽放。东湖梅园盛开着各种各样的梅花，这一株清新自然，特别好看。

冬天我最爱梅花，因为它真的特别美，而且有淡淡的清香。看起来娇弱的梅花，却有愈冷愈坚强的品格，真让人佩服。

梅花几乎看不到叶子，它是先开花，再长叶子的植物。

梅花有雄蕊也有雌蕊，是两性花。雌蕊的个头比较高，下面连接着子房；雄蕊个头矮，但数量多，呈黄色，围绕着雌蕊。

圆圆的花苞是红色的，包裹着淡黄色的花朵。

花苞

雄蕊　雌蕊

花柄特别短，几乎是直接长在枝干上。

每朵花都有五片花瓣，每片花瓣都是单瓣，圆圆的，白中带一点点黄色：边缘最白，中间偏黄。花瓣上还有细细的纹理。

倒着看花萼，居然是一个五角星形，仿佛在守护娇嫩的花瓣。

花的形态各异，种类繁多，我们通常可以怎样给花分类呢？

1.如果花的结构完全，称为完全花，例如桃花；如果缺少花萼、花冠、雄蕊、雌蕊中的任何一个结构，就称为不完全花，例如百合花。

完全花
桃花：花萼、
花冠、雄蕊、
雌蕊都有。

不完全花
百合：缺少
花萼，属于
不完全花。

2.如果花同时具有雄蕊和雌蕊，就是两性花；如果仅具有雄蕊或雌蕊，就是单性花；不具有雄蕊和雌蕊，或者有雄蕊或雌蕊，但发育不全且不能结出种子，就是无性花。上图中的桃花和百合都属于两性花，黄瓜花就属于单性花，绣球属于无性花。

单性花
黄瓜雄花：只有雄蕊，
没有雌蕊，并且花梗较
短，多为簇生。

单性花
黄瓜雌花：只有雌蕊，
没有雄蕊，并且花梗较
长，多为单生。

无性花
绣球：没有雄蕊，
也没有雌蕊。

找一找：你能根据以上这些分类特点，在花园里找到对应的花吗？

形形色色的果实

果实是个大家族，形形色色，有的不能吃，比如荷花玉兰的果实，有的能吃，比如苹果、梨等水果。

荷花玉兰的果实

你最喜欢吃的水果有哪些？根据水果的特点，在下面的表格中写上对应的水果名称。

特点	名称	特点	名称
球形的		带刺的	
光滑的		长毛的	
瘦长的		苦的	
酸的		甜的	

这么多水果，一定会有一种是你最喜欢吃的吧！我们一起来观察一个水果，首先看看它的外形、颜色，测量一下大小，然后去摸一摸表皮是否光滑，闻一闻有什么气味。最后我们还可以剥开果皮，尝一尝，甚至测量一下果皮的厚度。

来看一看自然笔记作品《苹果新发现》，你又发现了什么呢？

苹果新发现

时间：2021 年 9 月 18 日

地点：苹果园

天气：晴

记录人：×× ×

苹果几乎每个人都吃过，你知道它是在什么季节成熟吗？查阅资料我才知道是在秋天——春天开花，开完花之后就开始结果，长成一个苹果可得好几个月呢。在观察苹果的过程中，我可有不少发现哦！一起来看看吧。

外形：它是球形的，但我观察的这个苹果并不对称，可以明显地看出一边大一边小。

颜色：以暗红色为主，还有一些部位是黄绿色的。苹果柄已经呈现些许褐色，想来采摘下来已经有一段时间了。苹果的表面还有一些小斑点，像一个长了雀斑的小姑娘。

气味：闻着有一股淡淡的香味，可真想吃一口。

摸一摸：表面还比较光滑，不过仔细地感受，"小雀斑"也是能够摸到的。

苹果竖着切

食用部分呈淡黄色，如果切开要尽快食用，因为很容易氧化变成黄褐色。

老师说，食用部分是由花托发育而来的，并不是真正的果实。

外皮很薄，吃起来果肉细腻，但是据说皮的营养价值也很高。

种子从外面来看是黑褐色的。

中间的部分我们都称作"苹果核"，中间硬硬的那层是坚硬的子房壁，是真正的"果皮"，果皮以内才是苹果的子房发育而成的"果实"。

苹果横着切

很少人会这样切苹果，但是真有趣，里面竟藏着一个五角星！有的五角星上还有种子，有的却没有。如果切断了种子，你会发现切开的种子里面是淡绿色的，仿佛还透着生机。

切出一个五角星。

一个常见的苹果，里面却藏着很多的奥秘，仔细去观察，用心去感受，你就会有新的发现和新的体会。例如把苹果横着切，你会收获一个小星星。看问题和做事也一样，我们换个角度、换个方法，或许也会有新的收获。

我们可以根据果实结构发育来源的不同，对果实进行分类。

第一种是单果，是由一朵花雌蕊的子房发育而成的果实。单果又分为干果和肉质果，干果如花生、板栗，肉质果如柠檬、桃子。

第二种是聚合果，是由一朵花中多数离生雌蕊发育而成的果实。每一个雌蕊都形成一个独立的小果，集生在膨大的花托上，如八角、草莓、莲蓬等。

第三种是聚花果，也被称作复果，是由整个花序发育而成的果实，如凤梨、无花果、桑葚等。

单果（干果）
花生：成熟果实的果皮脱水干燥。

单果（肉质果）
柠檬：成熟果实的果皮肉质多汁。

聚合果
莲蓬：它的每一粒莲子都算一个果实。

聚花果
凤梨：果实并不是由子房发育而成，而是由花序发育而成。

果实还可以根据它的结构，分为真果和假果。真果是由果皮和种子组成的，果皮又包含内果皮、中果皮和外果皮，例如桃子。假果由子房以外的其他部分参与果实的形成，例如苹果。果实的奇妙之处甚多，每一个果实不仅仅蕴含着生命，更蕴含着无穷的奥秘。

想一想：你还见过哪些类型的果实呢？

热爱旅行的种子

每一颗种子都是天生的"旅行家"。它们有的旅程很短，就落在母株的附近，有的却利用风力、水力、动物、人类的作用，进行长途跋涉。旅行的目的就是为了更好地传播出去，生长成新的植株。有同学根据种子的传播方式，把种子分成了这样几类：

1. "会飞"的种子。它们有的长有细软的绒毛，有的带有"翅膀"，可利用风力传播，例如蒲公英的种子、槭树的种子。

2. "会游泳"的种子。它们有的长有木栓组织或者气囊，能够漂浮在水面上，利用水力传播，例如黄菖蒲的种子。

3. "黏人"的种子。它们大多都有倒刺、钩针或者黏液，能粘在动物或人身上进行传播，例如苍耳的种子。

4. "被吃掉"的种子。它们在被鸟类或哺乳动物食用后，因没有被消化而排泄到其他地方，完成旅行。

"会飞"的种子
蒲公英：种子上面长了一个"降落伞"，能带着种子旅行。

"会游泳"的种子
黄菖蒲：种子里自带"气囊"，能够在水面上漂浮。

"黏人"的种子
苍耳：里面有两颗小种子，种子外面长了倒钩，可以挂在动物的身上，去往远处。

"被吃掉"的种子
葡萄：葡萄的种子外面包裹着甜甜的果实，容易被动物们一起吃掉，但是种子并不会被消化，而是随着粪便排出来。

找一找：在你的身边，你还能发现哪些爱旅行的种子呢？

观察种子的萌发

种子孕育着新的生命，它是如何发育成一株新的植物的呢？一起来看一看自然笔记《爱喝水的黄豆种子》，探究种子的奥秘吧。

爱喝水的黄豆种子

时间：2020 年 5 月 3 日
地点：家里
天气：晴
记录人：××

这是我观察的三颗黄豆种子，大概是因为它们的颜色是黄色的，所以叫作黄豆吧。

大小：三颗大小差不多，直径大约在 5~6 毫米的样子。

形状：球形，扁圆。

触感：非常坚硬，表皮较为光滑，只有一颗有些许褶皱。

为了打开黄豆种子，看看里面都有些什么，在妈妈的建议下，我给黄豆"喝"了一天的水。当我再次看到黄豆的时候，有点惊讶，黄豆不仅变大了，形状也发生了一些变化，不如之前那么硬了，轻轻地用指甲就能够掐出印记。

喝完水的黄豆种子

13 毫米

├── 6 毫米 ──┤

尝试着把黄豆种子打开

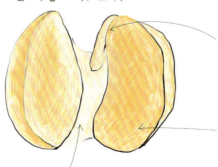

种皮：淡黄色，非常薄。

胚根与胚轴：尖尖的一小个，似乎迫不及待地想钻进泥土里开始生长。

子叶：中间颜色略深，边缘颜色较浅，也不知道是不是中间没泡到水的缘故。子叶一共有两片，由此我们可以得知，黄豆是双子叶植物。很想看看黄豆的子叶长出来是什么样子。

剩下的两颗没有打开的种子，我打算种进泥土里，等待它们生根发芽。

创作记录植物的花、果实和种子的自然笔记

在户外走一走，寻找植物的花、果实和种子，观察它们的外形特点和结构类型。它们有哪些主要特征？你又有哪些发现呢？（比如颜色、大小、质感、气味、粗细、形状、周围环境……）把你观察到的现象通过绘画和文字记录下来，形成一篇自然笔记作品。

笔记小贴士：如何创作记录植物的花、果实和种子的自然笔记？

1. 绘画的过程中要注意比例，既要体现花朵的整体形状，注意花之间的遮挡关系，又要注意局部的特点，并标注出主要结构的名称。

2. 不要随意采摘。观察果实的时候，除了看，也可以摸一摸或者闻一闻，会有不一样的感受。某些果实还可以品尝，但是要注意卫生和安全。

3. 观察植物的花、果实和种子，非常重要的一点就是要注意时间的记录，一般情况下，很难在同一时间内观察到一株植物的花、果实和种子。

4. 如果观察花，要注意观察它属于哪一种类型的花，是谁帮助它授粉的。

5. 如果想对某一特点进行强调，可以把它放大为特写进行详细说明。

6. 不要忘了给你的作品想一个有趣的标题。

探究植物花序的类型

花序简单地说就是花在花轴上有规律排列的方式。每一种花都有自己独特的生长方式。有的排列成整齐的一条，有的聚集成一团，还有的凑在一起像把小伞……走进大自然，去观察公园里的花，探究花序的类型，看看你能发现哪些不一样的花序。把它们记录下来，和同学们交流分享。

6 观察和记录植物的生命周期

种子的萌发是生命的开始，你知道怎样才能让植物种子萌发吗？植物的生长要经历几个阶段呢？如果注意观察身边的植物，你会发现身边就有许多种子。试着选一些种子，一起去观察它们的生命周期吧。

 聚焦

观察种子的萌发

如何让种子萌发呢？种子的萌发需要满足哪些条件？试着选一选。

种子萌发的条件：

1. 充足的水分。　　　A. 需要　　　B. 不需要

2. 适宜的温度。　　　A. 需要　　　B. 不需要

3. 黑暗的环境。　　　A. 需要　　　B. 不需要

4. 足够的氧气。　　　A. 需要　　　B. 不需要

其他：_____。

接下来，我们选择几粒颗粒饱满的种子，例如冬瓜、绿豆、向日葵的种子，把它们埋进土壤里，等种子萌发后，进行观察、记录。

冬瓜和绿豆的种子

春芽"绿动"

时间：2019 年 4 月 24 日
地点：学校的小菜园
天气：晴
记录人：××

离我们播种的那天已经过去七天了，我们开心地来到了学校三楼的小菜园，看到自己种下的向日葵小种子开始萌芽，心里有种说不来的喜悦——春天果然是一个好季节。

我们一共种下 11 粒，发芽 6 粒，发芽率大概是 54.5%，比我想的要低许多。其他的种子不知道是还没睡醒，还是真的发芽失败——再等等吧！

这片叶子上面有很明显的虫洞，可是我在叶子上并没有看到虫子。听老师说，有可能是蜗牛，会在晚上出来。

除去正常的向日葵的小苗，还有一些掉落的樟树花朵和不知名的小苗，应该是风把种子吹到这里的吧。

中间这个是最健康的小苗，个头最高，大概有 3.5 厘米，两片子叶向外舒展着。由此我们可以知道，向日葵是双子叶植物。子叶是植物非常重要的一部分，为植物的生长提供营养。

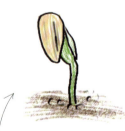

把捡到的壳子剥开，里面还剩下一点点半透明的膜，应该是残留的种皮。

这是前两天的样子，在老师的手机上看到的，小苗是顶着壳子出来的，这么弱小的苗，没想到力气还挺大，破壳破土，还能顶着壳子抬起头来，可真有趣。

壳是我们在种苗旁边见到的，种子的壳完全变了颜色，从原来的黑白条纹，变成了土黄色，花纹不见了，壳子也变软了许多。估计这就是种子需要水的原因吧，大概是土壤里的水把壳子泡软的，让小芽苗更容易破壳。

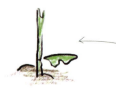

这是快要夭折的小苗，子叶完全脱落，并且顶端还有一些枯黄，看着感觉好可惜，大概这也是大自然的优胜劣汰吧。希望其他的小苗都能够健康地成长。

沉睡的种子逐渐苏醒，种皮吸收水分，破裂开来，胚根向下生长，吸收养分，胚芽向上生长，形成茎和叶，汲取力量破土而出，进行光合作用，这样植物种子的萌发过程就完成了。但是，植物种子萌发后会有哪些变化呢？让我们继续观察。

观察植物的生长发育

　　种子破壳而出以后，是如何进行生长发育的呢？生长发育是非常有趣的阶段，让我们拿出尺子和放大镜，观察和记录植物幼苗生长发育过程中的变化吧！

生长中的香菇草

我要长高高

时间：2019 年 5 月 8 日
地点：校园的小菜园
天气：晴
记录人：××

今天去看小苗的时候，它给了我一个小惊喜：可爱的小苗又长高了，叶子也多了不少。由于小苗太过"庞大"，我要把小苗进行移栽，这可是一个艰巨的任务，要尽力不让小苗受伤。

小苗档案

身高：11.4 厘米
叶片数量：9 片
叶片长度（平均）：2.1 厘米
第一节长度：5.8 厘米
第二节长度：5.6 厘米

叶子中间还冒出两片小叶芽，不过只长出来一点点，还没长大，真的很可爱。

叶片上有一个好像死去的小虫子，一动不动，也不知道是不是"装"的。

上面的茎长满了白色小绒毛。

叶子的外轮廓有锯齿，叶子是嫩绿的，仔细看，叶脉的颜色非常浅，并不是很密集。

下面一截的茎是光滑的。
最下面的两片是子叶，上面的是真叶，叶子的形状明显不一样。感觉子叶已经有点要脱落的样子，不知道下次来还能不能再看到。

种植流程和注意事项

 1. 挖洞（要深）。

 2. 将小苗挖出，要非常小心，不要伤到小苗。

 3. 将小苗放入挖好的洞里，埋得深一点。

 4. 盖上土，刚移植的小苗不要立刻浇水，要等待一段时间。如果移植后叶子打卷，不必担心，过几天就会恢复正常。

笔记小贴士：如何记录植物的生长发育过程？

1. 每一种植物生长发育的条件和环境都是不一样的，我们需要根据植物的具体情况对它们进行特殊照顾。

2. 可以记录完整的生长发育过程，也可以有选择性地记录某一段生长发育过程。

3. 绘画时，要先画茎和叶，注意比例、尺寸。首先画出大的轮廓、主要的茎叶关系，再来刻画细节，最后做文字标注，并且写出自己的感想。

开花与结果

植物生长到一定的阶段时，就会出现开花现象，会长出雄蕊、雌蕊、花冠、花萼等。开花和结果是一个神奇的过程，来看看下面这位同学的向日葵自然笔记吧！

绽放的笑脸

时间：2019 年 6 月 12 日
地点：美丽的校园里
天气：阴
记录人：ＸＸ

小可爱们长得很快呢，最高的已经有一米多高，不光是大的花盘长得很好，小的花盘也长出了一些花瓣。看到植物们都在努力生长，心情也变得特别好。

花朵像一个黄灿灿的大太阳，也像笑脸。外面一圈黄色的是无性花的舌状花，不会结果实。中间的是两性管状花，会结果实。已经开放的管状花是灰褐色的，中间没开的还泛着绿。

观察的过程中，我能看到蝴蝶在周围飞来飞去，我想它们一定是传粉的"小帮手"。

叶子与茎的交界处会长出一些小花苞，不过会被我们剪掉。这个做法看上去有一点"残忍"，但是如果不剪，其他的花朵就不会长大，瓜子可能不饱满，因为这些小花苞会抢走一部分营养。这大概就像动物世界里，动物妈妈有时也会舍弃一些弱小的孩子吧。

茎长粗了不少，上面的刺似乎也长长了，密密麻麻。

叶子已经成为配角，自觉地往下耷拉着，衬托着花朵。

这是一个花苞的背面，有一片小叶子在后面，似乎是它的"小靠山"，看着也是美美的。

这个是其中一个剪去的花苞，直径4~5厘米，闻着有一股淡淡的青草香。花苞外面是绿色的，包裹着黄色的花瓣，还未长大，黄中带着青，有一点羞涩。花苞中间还有一粒粒小籽，我猜测是未成熟的瓜子。

甜蜜蜜的果实

时间：2019 年 7 月 7 日
地点：美丽的校园里
天气：晴
记录人：XX

酷暑来临了，植物有充足的养分和阳光，迅猛生长，果实已经完全成熟了。

舌状花已经枯萎，向下耷拉着，苞片也有一点枯萎，少许泛着绿色。成熟的果实盘比我的手掌还要大，轻轻地摸着它的表面，有一些扎手，心里异常喜悦。生活在城市的我们，大概是很难得感受到这丰收的快乐。

颜色：这是我掰下来的几个小果实，每一颗都不一样，白色斑纹有的多，有的少，位置也不一样，但是总体而言，黑色的面积大于白色。

大小：大小也有区别，目测外圈的瓜子比中间的大一些，可能跟它的生长时间有关。外圈的管状花似乎开得早一些，果实形成的时间也早一些。

味道：我小心翼翼地剥开一颗果实，里面的种子呈乳白色，比外壳要略微小一些。我尝了尝，竟有一些清甜。不过我还是更喜欢加工后的口感。

　　开花和结果主要记录的是花朵和果实，注意要持续观察开花和结果的过程：花瓣是如何展开的，又是如何凋零的，果实又是如何生长出来的。如果条件允许，可以分次记录下来。

衰老和死亡

植物的衰老是从何时开始的？又是如何结束生命的？在衰老和死亡的过程中植物有哪些变化？植物的衰老除了形状变化以外，往往还有明显的颜色变化，所以，我们要注意观察植物的颜色。下图记录了植物生命的尽头，也为我们展示了一种特别的美。

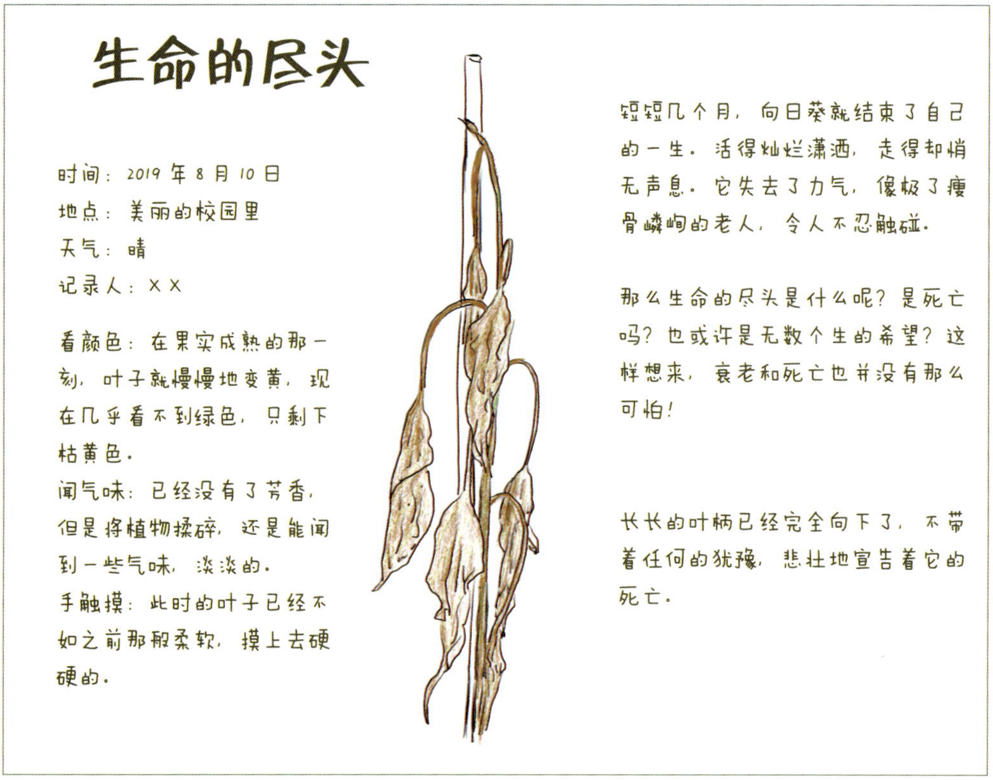

生命的尽头

时间：2019 年 8 月 10 日
地点：美丽的校园里
天气：晴
记录人：××

看颜色：在果实成熟的那一刻，叶子就慢慢地变黄，现在几乎看不到绿色，只剩下枯黄色。
闻气味：已经没有了芳香，但是将植物揉碎，还是能闻到一些气味，淡淡的。
手触摸：此时的叶子已经不如之前那般柔软，摸上去硬硬的。

短短几个月，向日葵就结束了自己的一生。活得灿烂潇洒，走得却悄无声息。它失去了力气，像极了瘦骨嶙峋的老人，令人不忍触碰。

那么生命的尽头是什么呢？是死亡吗？也或许是无数个生的希望？这样想来，衰老和死亡也并没有那么可怕！

长长的叶柄已经完全向下了，不带着任何的犹豫，悲壮地宣告着它的死亡。

大多数植物衰老的特征就是枯萎，衰老的结果即是走向死亡。衰老和死亡是每一株植物都必须经历的阶段，或早或晚。有些植物叶子的凋落、茎的枯萎也就意味着整个植株生命的结束。但是也有一些多年生草本植物茎叶枯萎了，根却依旧在地下生存，等待着适宜的季节继续生长。虽然植物的衰老和死亡有时令人伤感，但也蕴含着一种壮烈的美——枯黄的枝叶把绝大部分的营养物质都给予了种子，以孕育新的希望，而自己却慷慨地枯萎、凋落，甚至化作次年的肥料。

实践

创作记录植物生命周期的自然笔记

尝试着选择一种植物进行播种，观察植物的生命周期：每一个阶段分别有什么特点？你又有哪些新发现呢？

可以选择把植物的一生记录下来，也可以选择记录植物某一个阶段的特征，形成一篇自然笔记作品。

枯萎的荷叶和莲蓬

笔记小贴士：如何创作记录植物生命周期的自然笔记？

1. 你可以记录植物一生中你认为最精彩或最有趣的时刻，也可以记录植物完整的一生。如果一张纸完成不了，也可以用多张完成。

2. 画面应注意色调的和谐性，但首先要保证所描绘植物的特征和结构的颜色符合其生命周期不同阶段的实际状况。

3. 每一个小部分都要注意细节的刻画，反映出植物生长阶段的显著特点。如果绘画表达不清楚，可以借助文字说明，把你观察到的现象准确地记录下来。

4. 持续观察涉及的时间点比较多，我们可以准确到某一天的某一时刻，也可以是大概时间，根据自己记录的需要选择。

拓展

设计"保护植物"提示牌

植物的一生会经历很多困难，你是否看到过身边的人随意践踏草坪、采摘花朵？请动手设计一块提示牌，呼吁身边的人们保护植物，呵护绿色。

第三单元 观察和记录动物

　　亲爱的同学们，欢迎来到精彩纷呈的动物王国！请带上画笔和笔记本，来到小区、公园里，或者漫步在池塘边、山路上、田野中，你可能会看到小动物们的脚印，还会听到鸟类的鸣叫或者昆虫的歌声，甚至会嗅到不同的气味。飞禽走兽，这些都是你可以去感知和观察的对象。

7 观察和记录陆地上的动物

广袤的土地是我们赖以生存的家园，也是各种陆生动物共同的家。你知道哪些在陆地上生活的动物呢？它们的身体有什么特征？爱吃什么？它们的生活环境有什么不同？让我们拿起放大镜或者望远镜，带上记录本，去观察、发现吧。

 聚焦

爬虫总动员——无脊椎动物

走进公园、社区或者郊外，当你翻开一块石头、一堆枯叶、一根腐木时，猜猜里面藏了些什么？在腐木旁边、树叶堆中，或者在早晨的菜园、雨后的草丛里，形形色色的爬虫会给你惊喜！

时间：　　　　　　　　地点：

名称	我发现	我会画
蜗牛	身体软软的，背上有壳，有两对触角	
蚯蚓		
西瓜虫（鼠妇）		

爬虫们往往隐藏在土中不易观察，我们可以通过挖掘或借助放大镜来观察它们（测量长度、大小，观测形状、颜色等）。蚂蚁和蜘蛛都是我们熟悉的动物，它们是同一类动物吗？你有没有仔细数过它们的身体有几节，有几条腿呢？认真观察、比较一下，两者有哪些区别？

蚂蚁蜘蛛大不同

时间：2019 年 8 月 10 日
地点：美丽的校园里
天气：晴
记录人：××

蚂蚁的身体由头、胸、腹三部分组成。头部有一对大大的复眼，咀嚼式口器发达，膝状触角。六条腿都长在胸部，腹部肥胖，头、胸棕黄色，腹部棕褐色。

蜘蛛的身体分头胸部（前体）和腹部（后体）两部分。头胸部前端通常有8个单眼，排成 2～4 行，没有复眼，也没有触角。

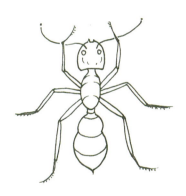

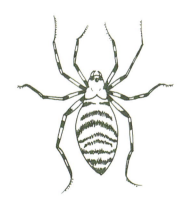

蚁巢内有许多分室，这些分室各有用处。蚂蚁是动物界了不起的建筑师。它们也是社会性很强的动物，一般在一个蚂蚁大家族中有四种不同的蚁型，分别是蚁后、雄蚁、工蚁和兵蚁。蚂蚁帝国包含着不少科学奥秘呢，爱探索的同学们，去一探究竟吧！

蜘蛛通过丝囊尖端的突起分泌黏液，这种黏液一遇空气即可凝成很细的丝。蛛丝结成的网黏性极强，是蜘蛛捕食的重要工具。聪明的你有没有想过，蜘蛛网为什么可以粘住小昆虫而不会粘住蜘蛛呢？

酷酷的朋友们——两栖和爬行动物

当你在池塘边漫步，可能会有一些酷酷的朋友们等着你哦！看！荷叶上有没有小青蛙在晒太阳？岩石旁又是谁在跟你躲迷藏？哦，原来是一只乌龟！它们都是冷血动物（又称变温动物），也就是说，它们的体温会随着环境温度的改变而改变。

池塘边的大发现

时间：2020 年 7 月 26 日
地点：公园池塘边
天气：晴
记录人：××

我是青蛙，小溪边、池塘边、稻田边、沼泽边都是我的家。但是我最喜欢在荷叶上晒太阳。我最爱吃稻田里的害虫，是农民伯伯的好帮手！我的蛙类朋友们个个都是捕虫高手，比如说武汉常见的泽陆蛙，平均每天可以消灭 50~270 只害虫；中华蟾蜍在三个月内吃掉的害虫高达上万只呢！

我小时候生活在水中，叫小蝌蚪，长大了才搬到岸上居住，所以我是两栖动物。我身长 5~10 厘米，鼓膜大而明显。皮肤颜色多样，有淡绿、黄绿、灰褐色等，有斑纹。我的背上、腿上长着深褐色的斑纹。我的肚皮雪白，上面有些深色斑点。我们爱唱"呱呱呱……"，夏夜里开演唱会是我们的拿手好戏，你喜欢吗？

我是红耳彩龟，又称巴西龟，是爬行动物。我的背甲长 20~40 厘米，呈绿色，上面有黄黑相间的条纹。我的脑袋小小的，眼睛后面长着一块红斑，所以也叫红耳龟。

我喜欢吃浮萍、水藻，也爱吃昆虫、蛙、淡水鳌虾和蠕虫。我的老家在美洲，我喜欢小河和池塘。我在武汉没有天敌，请不要把我随意放生哟！我们红耳彩龟可是世界公认的"生态杀手"，中国也已将我列为外来入侵物种，因为我对中国自然环境的破坏难以估量。

为什么我会对生态环境产生巨大破坏呢？那是因为我的适应能力极强，繁殖能力惊人，而且还可以与不同科的龟杂交，在和本土龟争地盘、抢食物时可以说是"打遍天下无敌手"。目前武汉河道中最常见的龟类就是红耳彩龟，本土的龟类反而十分罕见。

毛茸茸的朋友——哺乳动物

走到野外或者公园，运气好的话，你或许能偶遇一只可爱的小松鼠。松鼠是野生的哺乳动物，如果你真的在野外看到它，静静地看着就好，不要把它带回家。要知道野生动物野性十足，不适合作为宠物来养。而且，私自带走国家保护的野生动物是违法的。

种子收藏家——松鼠

时间：2020 年 10 月 26 日
地点：环湖绿道
天气：晴
记录人：××

今天傍晚，我和爸爸妈妈在环湖绿道散步，绿道两边的植被丰富，树林茂密。突然，一个小小身影从远处的一棵松树上窜下来。我定睛一看，原来是一只可爱的小松鼠。

松鼠喜欢生活在树上，有毛茸茸的大尾巴，喜欢抱着松果啃。松鼠在它们的洞里装满坚果和种子，这是它们过冬的粮食。它们会把辛苦收集到的种子埋在土里藏起来。有趣的是，它们总是记性不好，一边收藏，一边遗忘，所以那些被遗忘的种子常常会长成很多大树。因此，这些可爱的小精灵们可是科学家们公认的"环保使者"，为保护生物多样性做出了杰出贡献！

松鼠是温血动物（又称恒温动物），能通过新陈代谢产生稳定的体温。为了在食物极度短缺的寒冬减少能量消耗，松鼠会选择沉沉睡去，这就是冬眠。

实践

创作记录陆地上动物的自然笔记

在户外找到一种你喜欢的动物，观察它们的身体结构。想一想：它们属于哪种类型？它们生活的环境是什么样的？它们喜爱的食物有哪些？它们在干什么（觅食、求偶、繁殖……）？把你的发现和思考以自然笔记的形式记录下来。

等待亲鸟喂食的棕背伯劳幼鸟

笔记小贴士：如何创作记录陆地上动物的自然笔记？

1. 选择观察的动物可大可小，可以是家门口花园里的潮虫，也可以是一只大乌龟。可以选择你最感兴趣的部分进行观察。

2. 如果想对某一特点进行强调，可以把它放大为特写进行详细说明。如果细节很难观察清楚，你也可以重点记录小动物的行为。

3. 陆地上不同的动物身体特征有什么不同？这些特征和它们的生活环境有什么联系？思考各种动物适应大自然的生存智慧。

4. 不要去伤害小动物，不要为了近距离观察而用食物引诱小动物。

5. 如果你去野外观察，请注意做好安全防护措施，防止蚊虫叮咬。

拓展

探究青蛙的生命周期

走进大自然，去观察、探究小蝌蚪变青蛙的过程，感受奇妙的生命之旅。

看看你还有什么新发现，用自然笔记记录下来。

青蛙跳跳成长记

小蝌蚪

长出腿和肺

卵

准备上岸

跳出地面，我长大啦！

8 观察和记录水生动物

同学们，不同的水域生活着不同的动物，哪种动物让你印象深刻？让我们带上记录本，去观察、寻访多样的水生动物吧。

 聚焦

走近水塘

公园的水塘有许多小动物，让我们来看看都有谁吧！你认识这些"居民"吗？通过自然笔记让我们看看大家都发现了哪些动物！

在湿地觅食的白鹭

水塘探险记

时间：2020 年 10 月 26 日
地点：环湖绿道
天气：晴
记录人：ХХ

在爸爸的帮助下，通过观察和捕捞，我在浅水、深水、水底共发现了 10 多种动物。

1. 飞行的蜻蜓很调皮，你走开它就停在荷花上，你一靠拢它就立刻飞走了。

2. 小蝌蚪一点都不怕人，我往水里投了一点面包，它们就游过来了，不过数量不多。

3. 水面上漂着许多有细长脚的虫子，我不认识，要回去查查资料。

4. 水中鱼的数量有很多，有大有小，种类也不一样，但都很机警，人一靠拢就游走了。

5. 我看到了一条样子很特别的鱼，它有胡须，爸爸说是鲤鱼。

6. 捕捞网中最先捕获的是小虾，活蹦乱跳的小虾有长长的胡须和长长的夹子，头尖尖的，跟我见过的小龙虾不一样。

7. 用网在水底捞，我捞上来一个大贝壳，爸爸说它是河蚌，可惜是个空壳。

8. 第三网下去，我捞起来一只螃蟹，大夹子让人害怕，我观察一会儿后就把它和虾一起放回水中了。

9. 顺着水草，我捞起了一只很奇怪的小虫子，它竟然可以在水里生活。仔细观察，我发现它是蜻蜓的幼虫。

10. 我还捞起了一些螺蛳，它们的壳呈宝塔形，一圈一圈的，还有一个片状物封住了壳口！

回家前我把小动物都安全地送回了小池塘，今天真的打扰它们了。不过观察它们真有趣！

水里的昆虫

同学们，让我们仔细寻访，认真观察。沿岸带浅水区域是我们比较容易观察到的区域，你会发现有许多昆虫生活在这里。

水里的昆虫

时间：2019 年 7 月 18 日
地点：湿地公园
天气：晴
记录人：ＸＸ

蜻蜓的身体由头、胸、腹三部分组成。头部有一对大大的复眼，咀嚼式口器发达，触角小而不明显。胸部长有两对翅，等长，窄而透明，脉序网状，翅前缘近翅顶处有翅痣。足靠近头部，以便于捕食。腹部细长，尾端有开口，展开约有 5 毫米。

水虿 (chài)，蜻蜓的幼虫。六只脚，头部跟身体缩在一起，像只没脚的小虾米一样。体色一般是暗褐色或暗绿色，外形与其成虫类似，但没有翅膀。

水黾 (mǐn)，水生半翅目类昆虫，体色是黑褐色，体长约 22 毫米。栖息于静水面或缓流水面上。身体细长，非常轻盈，长着具有油质的细毛，具有防水作用，能浮在水面上捕捉猎物。

仔细观察蜻蜓和水虿。比较一下，两者有哪些区别？注意观察蜻蜓和水虿的头、胸、腹，想一想身体结构与生活环境的关系。观察完毕记得把它们放回大自然。

练一练：把观察到的蜻蜓和水虿用自然笔记的形式记录下来。

水里的鱼

深水区是鱼儿的天堂，捕捞时一定要注意安全。将鱼捕捞上岸后，仔细观察它们有什么特点。让我们看看同学们的发现吧。

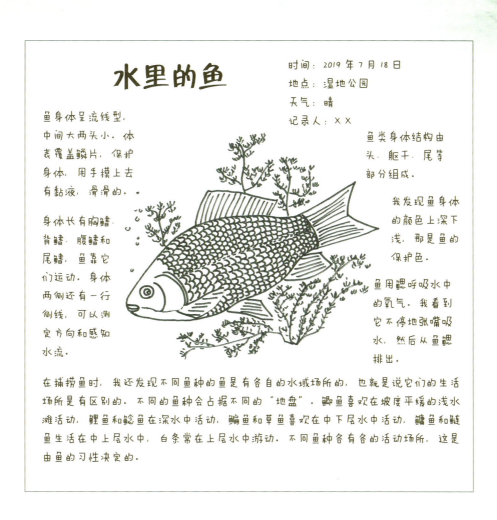

同学们，水底世界还居住着许多神秘的居民，我们把它们称为底栖动物。除鲇鱼、鲤鱼等底层鱼类外，还有螺、虾、蟹等。在捕捞深水鱼时，我们往往也能同时捕捞到它们。

水里的虾兵蟹将

时间：2019 年 7 月 18 日
地点：湿地公园
天气：晴
记录人：××

河蟹的头部和胸部结合成头胸甲，呈方圆形，质地坚硬。身体前端长着一对眼，侧面具有两对十分坚锐的蟹齿。螃蟹最前端的一对螯足，表面长满绒毛；螯足之后有四对步足，侧扁而较长；腹肢已退化。雌雄可从它的腹部辨别：雌性腹部呈圆形，雄性腹部为三角形。

河虾身体光滑透明，偏青灰色，身体分为头胸部和腹部两部分。头胸部有一层硬壳罩住，那是背甲。头胸部有五对前足，前面一对有螯足。腹部有六节，每节有一对泳足，其中第六对泳足特别宽大，为尾足。

练一练：观察一种虾蟹类水生动物，用自然笔记的形式记录下来。

创作记录水生动物的自然笔记

在户外找到湖泊或池塘，观察它的沿岸带或底栖区，我们能观察到多少种动物？它们有哪些主要特征（比如颜色、大小、周围环境、活动场景……）？把你观察到的现象以自然笔记的形式记录下来，切记一定要注意安全。

笔记小贴士：如何创作记录水生动物的自然笔记？

1.观察的动物可大可小，既可以是一条大鱼，也可以是一只小虾。可以选择动物最有特色的活动场景进行观察。

2.如果想对某一特点进行强调，可以把它放大为特写进行详细说明。

3.观察它们的生活环境和活动场面，并尝试用文字描述出来。

4.有些动物的活动比较快，可以拍照、录像，以便反复观看后记录。

5.在池塘或湖泊观察一定要注意安全。

6.不要伤害小动物。

7.不要忘了给你的作品想一个有趣的标题。

拓展

水域动植物生境"回归"游戏

准备一张水域平面图，各组向老师和同学们秀一秀自己观察到的不同水域的动植物（提前将它们制作成图标）。再把这些图标集中起来，每个小组派一名代表轮流参加抽签，把抽到的动植物送回"家"，同时交流、分享这种动植物的生境特征。然后，每位同学用自然笔记的方式绘制一张水域动植物分布简图，并介绍自己的绘制思路和过程，最后谈一谈活动的收获和体会。

9 观察和记录空中飞的动物

　　花丛中，蝴蝶翩翩起舞；枝头上，小鸟上下翻飞；天空中，雄鹰展翅翱翔……这些会飞的动物还有哪些有趣的故事？它们的身体有什么特征？爱吃什么？喜欢生活在哪里？让我们拿起放大镜或者望远镜，带上记录本，去记录这些长着翅膀的朋友吧！

六条腿的大家族

　　带上放大镜和笔记本来到户外，你会发现有一类体型微小、种类丰富，虽不起眼却无处不在的小动物，那就是昆虫。

天牛

　　你知道吗？化石记录显示，昆虫是最早飞上天空的动物。3亿年前，石炭纪时代的天幕上就曾留下过巨脉蜻蜓飞过的倩影！如今，繁盛的昆虫大家族中大多数成员都会飞。所以，请你对这些看起来不起眼的 6 条腿的邻居们投去敬意的目光吧！

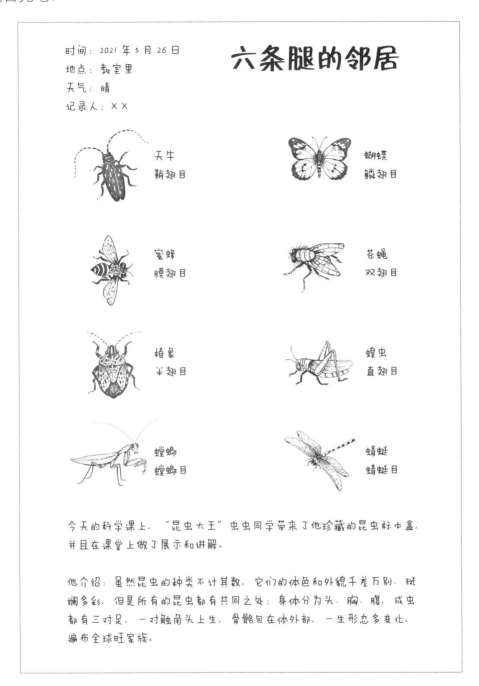

时间：2021 年 5 月 26 日
地点：教室里
天气：晴
记录人：××

六条腿的邻居

天牛
鞘翅目

蝴蝶
鳞翅目

蜜蜂
膜翅目

苍蝇
双翅目

蝽象
半翅目

蝗虫
直翅目

螳螂
螳螂目

蜻蜓
蜻蜓目

今天的科学课上，"昆虫大王"虫虫同学带来了他珍藏的昆虫标本盒，并且在课堂上做了展示和讲解。

他介绍：虽然昆虫的种类不计其数，它们的体色和外貌千差万别，斑斓多彩，但是所有的昆虫都有共同之处：身体分为头、胸、腹，成虫都有三对足，一对触角头上生，骨骼包在体外部，一生形态多变化，遍布全球旺家族。

春天，一年一度的养蚕季又到了。一粒粒不起眼的卵孵化出软萌可爱的蚕宝宝，它们一天天长大，接着吐丝结茧，化蛹成蛾，一个个令人惊喜的小生命短暂而又精彩。

你养过蚕吗？细心照料它们的时候，你有什么发现？一起看看这位同学关于蚕的自然笔记吧！

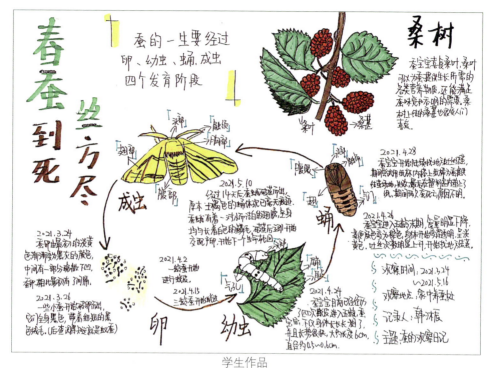

学生作品

练一练：观察蝴蝶，用自然笔记记录下你观察到的现象。

蝴蝶

长羽毛的朋友们

带上望远镜、记录本和一双善于发现的眼睛，让我们去府河湿地观鸟吧！

府河湿地的冬候鸟

时间：2021 年 11 月 26 日
地点：府河湿地
天气：晴
记录人：××

雁群里，有两只特别的鸟——斑头雁。它们通体大部分是灰褐色，头和颈侧白色，头顶有两道黑色带斑，这可爱的"二道杠"在它们白色的头上极为醒目。

斑头雁主要以禾本科和莎草科植物的叶、茎、青草和豆科植物的种子等植物性食物为食，也吃贝类、软体动物和其他小型无脊椎动物。

斑头雁尽管游泳很好，但主要以陆栖为主，多数时间都是生活在陆地上。善行走，虽显得有些笨拙，但奔跑很快捷。

斑头雁的飞行能力特别强，据最新研究显示，它们是极少数能够飞越喜马拉雅山的候鸟之一。这些飞行"王者"还有不少的秘密等待人类去探索和发现呢！

飞得特别高的鸟——斑头雁

在来武汉越冬的候鸟群体中，有一种相貌平平的鸭科鸟类——青头潜鸭。它是极度濒危的国家一级重点保护野生动物，全球仅有 1000 余只。

青头潜鸭喜欢躲在荷叶或芦苇秆中间，拥有白色的眼圈，模样呆萌，被称作"鸟中大熊猫"。

府河湿地是青头潜鸭的重要栖息地之一，也是目前所知青头潜鸭最低纬度繁殖地，最多曾记录到 200 多只青头潜鸭在此过冬，种群数量稳定。

"鸟中大熊猫"——青头潜鸭

漫步在林荫小道，常常能发现意外的惊喜，比如说一根羽毛。当你看到一只鸟，你会发现，身披羽毛是它最显著的特点。

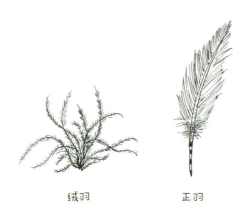

神奇的羽毛

时间：2021 年 5 月 26 日
地点：环湖绿道
天气：晴
记录人：××

羽毛是鸟类身体的防护衣，丰富多彩的颜色和斑纹起着保护色的作用。羽毛不仅是鸟类保温、散热的"外套"，对于它们的飞行更是具有重要作用。

每只鸟身上大约有超过两千多枚羽毛，按照羽毛的特征主要分为绒羽和正羽。绒羽蓬松柔软，是体表有效的隔热层。我想，羽绒服里填充的应该就是绒羽吧！

绒羽　　　　正羽

正羽是鸟类身体上主要的羽毛种类，飞羽和尾羽都是特化的正羽。当我拿出放大镜再次观察一枚正羽，我发现羽毛的每一根分枝上都有十分细小的钩，正是这些羽钩让无数的羽小枝相互编织成为一片完整的羽毛。鸟儿时常梳理羽毛，或者来个水浴、沙浴，就是为了保持羽毛的清洁和柔软吧！

我很好奇，为什么鸟儿都长羽毛？羽毛和它们的飞行之间有什么重要联系呢？我还要继续思考和研究。

实践

创作记录空中飞行动物的自然笔记

在户外找到一种你喜欢的飞行动物，观察它们的身体结构。想一想，它们属于哪种类型？它们生活的环境是什么样的？它们喜欢吃什么？它们在干什么（觅食、求偶、繁殖、育雏……）？把你观察到的现象以自然笔记的形式记录下来。

笔记小贴士：如何创作记录空中飞行动物的自然笔记？

1.观察蝴蝶等昆虫时，建议进行长周期观察，你会发现毛毛虫变蝴蝶的过程非常奇妙！思考昆虫一生中不同的形态对于它们的生存有什么重大意义。

2.思考昆虫身体的哪些特征对于它们的飞行起到重要作用，不同形态翅膀的昆虫飞行能力有什么差异。

4.如果没办法观察到飞得很快的鸟，也可以查阅书籍或者参考网络图片。

5.如果想对某一特点进行强调，可以把它放大为特写进行详细说明。

6.不要忘了给你的作品想一个有趣的标题。

拓展

作品赏析

学生作品

学生作品

以上是两篇获奖的自然笔记作品，两位小作者通过对昆虫和燕子的细致描绘，记录了一个生机勃勃的动物世界。

第四单元 观察和记录非生物

　　没有阳光，绿色植物就不能进行光合作用，无法生存；过冷或过热，都会使生物体的新陈代谢无法正常进行，导致生物死亡；组成生物体的成分中，大部分是水，一切生物的生存都离不开水；土壤是植物生存的重要条件。非生物虽然没有生命，但却影响着生物的分布、生长和发育。这是为什么呢？尝试用自然笔记将非生物的变化记录下来，观察其中的规律，谜底可能就在其中。一起来试试吧！

10 观察和记录土壤与岩石

　　同学们，土壤与岩石是地球的重要资源，和我们的生活息息相关。你想知道很久以前地球上发生过的事情吗？土壤与岩石能够给我们提供重要的线索。让我们拿起放大镜，带上记录本，去探寻、观察、记录奇妙的土壤与岩石吧。

 聚焦

土壤中蕴藏的小秘密

　　土壤里面究竟会有什么呢？带上手套、铲子、放大镜，走进公园，和老师一起去土壤里寻找秘密吧！我们可以利用自己的感官，也可以借助各类工具进行观察，再用笔记录下来。

眼睛看

鼻子闻

手摸、捻

　　地下生物的丰富多彩毫不逊于陆地生物。有数据表明，在地下的土壤里大约生活着36万种动物！我们日常吃的许多食物也都是来自土壤中生长的植物。

观察土壤

砂土：主要是由沙砾构成，它的颗粒非常粗糙，直径大于2毫米，渗水性能好。

壤土：壤土中既有沙砾，也有一部分黏土，用水把它打湿就能捏成球状，没水时很容易被压碎，适宜农民伯伯种植各种植物。

黏土：颗粒细腻，黏性好，有较高的保水、保肥能力，湿黏干硬，土块大，不易耕作。

笔记小贴士：如何观察土壤？

1. 观察土壤时，注意观察比较土壤的颗粒大小及黏性。

2. 眼看，看不清的可以借助放大镜观察。

3. 鼻闻（用扇闻的方式）。

4. 手摸、捻，注重手指的体会。

5. 还可以用小勺挖取部分土壤至手心，再滴几滴水，用团揉土壤的方法比较不同土壤的黏性。

6. 如果在土中发现了小动物们，不要害怕，也可以记录下它们的特征。回家翻阅资料，看看这些神奇的小伙伴们叫什么名字。

下面是一位同学创作的自然笔记，一起来看看吧！

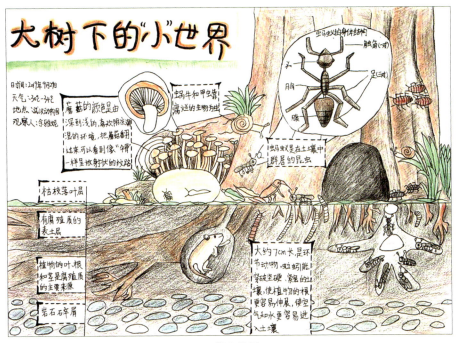

学生作品

这篇自然笔记对大树根部进行了细致观察。作品描绘了动植物之间和谐相处的关系、菌类植物的形状以及蚂蚁的身体结构，还通过裸露在外的树根来发现土壤分层和土壤中含有的物质。小作者还发现土壤里一个小洞是小老鼠的家，她猜测小蚯蚓能在这里生存一定是因为这片土壤里有丰富的腐殖质。

找一找：我们身边的土壤里还隐藏着什么秘密呢？带上工具和画笔行动起来吧！把你的发现用自然笔记记录下来。

别小看石头

　　岩石的种类繁多，性质多种多样。鹅卵石形状和色泽都非常漂亮。还有一些不规则形状的石头，从不同角度观察，可以发现不一样的美。花色斑斓的花岗岩、神似山水画的大理岩，它们的身上藏着怎样的秘密呢？一起看看这位同学的花岗岩自然笔记吧！

"岩石之王"

时间：2022 年 1 月 20 日
地点：公园
天气：晴
记录人：××

第一次观察身边的石头。它们很平凡，我们往往容易忽略它们，但细细观察它们却给了我许多发现的乐趣。

颜色：花斑状，由黑、白、肉红等颜色或无色透明的颗粒组成，颗粒较大，粗糙，很坚硬。

— 2.3 厘米 —

2.1 厘米

1.5 厘米

花岗岩是大陆的标志性岩石，是由石英、长石、云母等多种矿物集合而成的。

笔记小贴士：如何观察和记录岩石？

　　我们拿到石头后先不要急着画，可以仔细观察它的细节。观察岩石的视角也有许多，可以从岩石是否有纹理、分层，是否有斑点、小孔，是否光滑，以及粗糙程度、颗粒大小、光泽、硬度、成分是否单一等特征来观察和比较。

制作矿石名片

每一种矿石都有其特点，每一块矿石都有着它神秘的故事。去观察它们，去发现它们的故事，并通过绘制矿石图片、记录观察到的现象，制作出每一块矿石独一无二的名片。

我的矿石名片

石墨

生活中最常见的石墨就是铅笔芯了，划出来的条痕是黑灰色的，摸起来滑滑腻腻，容易把手染黑。它还可以做成电极导电哦！

大理石

大理石特有的纹理具有很强的观赏性，所以大理石常用于室内装修。把盐酸滴在上面会冒泡。

石灰岩

石灰岩是烧制石灰和水泥的主要原料，是炼铁和炼钢的溶剂。遇到盐酸也会冒泡。

磁铁矿

条痕是黑色的，有金属光泽，很坚硬，小刀划不动。有磁性，是重要的炼铁矿石之一。

赤铁矿

颜色多为铁黑色、暗红色等，条痕樱红色。硬度不一，呈现金属光泽、半金属光泽或黯淡光泽，不透明。是最重要的炼铁矿石。矿粉可制作成红色涂料和红色铅笔。

花岗岩

由黑、白、肉红等颜色或无色透明的颗粒组成，颗粒较大，粗糙，很坚硬，素有"岩石之王"之称。

笔记小贴士：岩石的画法

　　画岩石时，先画出岩石的外轮廓，如果能标注具体的尺寸就更好了！可以观察岩石的颜色、颗粒、软硬、透明度、光泽、形状等。通过观察透过矿物碎片的边缘能否看见其他物体来衡量矿物的透明度。除了观察石头本身，也要仔细看看石头上还有些什么。别忘了写上日期、发现石头的地点、天气和心情。

 拓展

比较岩石的划痕

　　在户外寻找到不同种类的岩石，比较不同岩石的划痕。地质学家通过划痕实验确定矿物的硬度。划痕实验的工具十分常见，有指甲、硬币、裁纸刀等。不同工具的硬度不同，由此来比较岩石的硬度。

　　以摩氏硬度衡量，指甲的硬度约为 2 级，硬币约为 3 级，裁纸刀约为 5 级。因此，裁纸刀不能被其他两种工具刻划。把你们的比较结果和同学们进行交流和分享。

各种各样的岩石

11 观察和记录天空的变化

从古到今，人们都喜欢仰望天空，总想了解在这片可望而不可即的区域到底隐藏了多少秘密。为什么太阳东起西落？为什么日出和日落时天空的色彩那样绚烂？为什么夜晚的星星不同时间在不同位置？让我们带上记录本，去观察天空中引起我们好奇的那些现象，把它们描绘记录下来吧。

 聚焦

美丽的日出和日落

我们从地球的任何一个角落都能感受到太阳每天照常升起和落下，看到日出和日落时美不胜收的景象。那你有没有仔细观察过日出和日落到底有什么不同呢？

日出		日落	
时间		时间	
太阳方位		太阳方位	
天气	☐ 晴 ☐ 多云 ☐ 阴	天气	☐ 晴 ☐ 多云 ☐ 阴
气温		气温	
太阳的颜色		太阳的颜色	
天空的颜色		天空的颜色	
云朵的形态和颜色		云朵的形态和颜色	

日出、日落看似颜色、样貌一样，其实还是有很多不一样的地方。我们可以分别在日出、日落的时候仔细观察，比较它们有什么不同，也可以记录下不同的季节日出和日落在方位上、时间上有什么差别。

我们一起尝试观察并记录日落吧。

笔记小贴士：如何观察与记录太阳？

绘画的过程中，注意观察太阳升起和落下的时间、亮度以及周围环境中的参照物，用手边的彩色铅笔或油画棒尽量还原观察到的色彩变化。

神秘的夜空

当太阳落下，夜晚来临，仰望星空，天空呈现出另一种静寂之美：明亮绚丽的色彩都不见了，深蓝色的天空中点缀着无数颗小星星，还有又大又亮的月亮。星星和月亮为什么会发光？夜空又藏着多少秘密呢？

作为初学者的我们怎样来观察夜空呢？

用肉眼观察

借助天文望远镜观察

观察天空，我们可以从最简单的开始，先找月亮：今天的月亮是什么样子的？圆圆的还是弯弯的？你知道不同月相的名字吗？

满月

找一找：满月有哪些特点？你能观测到月球表面的环形山吗？

下面是一位同学创作的月相自然笔记，一起来看看吧！

观察和记录月亮

2021 年
农历十月初七
星期四 晴
今天我和爸爸下楼观察
了月相。月亮像小船一
样，弯弯的。它就是我
们常说的上弦月。

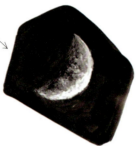

2021 年
农历十月初八
星期五 阴
外面起了大风，阴云把
月亮盖住了，我什么都
没看见，真可惜呀！

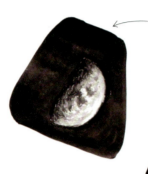

2021 年
农历十月初九
星期六 晴
晚上 7 点 30 分，我看到
了月亮，它又"胖"了，
是向左凸起的。

2021 年
农历十月初十
星期日 晴
我抬头仰望天空，发现今天
的"月亮姐姐"又"发福"了，
形状已经接近圆的一半了。

2021 年
农历十月十五
星期五 晴
连续下了一周的雨，
今天终于又看见月
亮啦！它已经变得
圆圆的，像银盘子
一样，叫满月。啊！
十五的月亮是多么
美好啊！

地点：小区花园
记录人：××

2021 年
农历十月十七
星期日 晴
现在已经是下半月了，凸
面变了方向，往右凸起，
月亮的光很黯淡也很柔
和，它周围的那一小片天
空也被照得有些发白。

笔记小贴士：如何观察和记录月相变化？

观察和记录月相时，注意观察其所在方位、朝向以及月亮升起的时间，分析为什么会出现月相变化。

实践

创作记录日夜交替的自然笔记

在户外找一处开阔之地，观察一天中不同时段日夜交替的变化。记录下太阳、月亮升落的时间、方位，还有它们的大小及周围环境、色彩等方面的变化，观察这些变化对当地的天气有什么样的影响。把你观察到的现象以自然笔记的形式记录下来吧！

笔记小贴士：如何创作记录日夜交替的自然笔记？

1.不同季节日月升落的时间会有差异，为了不错过观察的时间，可以提前查找资料，知晓大概的时间段。

2.在记录方位的时候可以借助指南针等工具。

3.天空的色彩在日月的照耀下异常丰富，想要快速记录下来，建议使用彩铅或者油画棒在画纸上涂抹。

拓展

观察和记录天空中的自然物

观察和记录天空中的自然物，创作专题自然笔记作品，向老师和同学们介绍自己的设计思路和创作过程。

12 观察和记录气象与物候

气象是变幻莫测的，我们不妨试试把它变幻的特点记录在自然笔记里。画一画云相、雨雪，可以把它们形态变化的过程也画下来。写一些文字，描述一下自己对气象变化的感受。

聚焦

变幻莫测的云

观察白昼的天空，不可或缺的就是云。你见过哪些云？什么时候见到的？画出云的形状并留意天空的颜色变化。掌握云的各种类型，这样你就能预测本地的天气变化了。

积云：大团堆积的云，像棉花糖似的，有的云块四周还散发着金黄色的光辉。

卷云：很薄，轻盈得像羽毛一样，丝丝缕缕地飘浮在空中。

笔记小贴士：如何观察和记录天空？

1. 观察天空时要注意保护视力，不要直视太阳。

2. 观察我们画出的云，它们的形状大致相同吗？是哪种形态？

多变的雨雪

在大自然中，气象真可谓变化多端：雾、霜、冰雹、雷、雨、闪电……如果你所在的地区刚好是冬季，而且下了雪，你不妨记录一下那些晶莹剔透的雪花。

雪花是什么形状？

仔细观察，雪花有几个瓣？它们是尖的、方的，还是圆的？

用手摸一摸，感受雪花的温度。

雪花对温度有什么反应？

一起来看看这位同学创作的自然笔记吧！

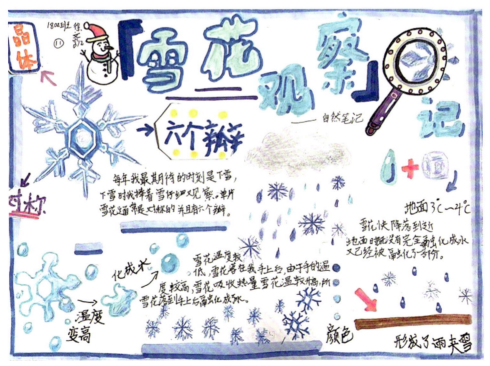

学生作品

创作记录气象与物候的自然笔记

通过不断地记录自己的观察，我们的自然笔记就会逐渐变成一个内容丰富的"资料库"。久而久之，我们就能从资料库中归纳出春夏秋冬的演变规律；日积月累，我们还会发现这些微妙变化对身边环境的影响。选择一种自己感兴趣的气象或物候，用自然笔记的形式记录下来吧！

笔记小贴士：如何观察和记录气象与物候？

观察气象与物候时，要选取最能反映该气象与物候的代表性自然现象。除了关注自然现象的特点之外，还要试着思考它们是怎样影响天气和动植物的生活的，它们之间存在哪些因果关系。在自然界的四季轮回、节气循环、气候变化中，你会发现更多大自然的秘密。

创作记录二十四节气的自然笔记

二十四节气是通过观察太阳周年运动，认知一年中时令、气候、物候等方面变化规律所形成的知识体系，是人们长期经验的积累成果和智慧结晶。每个节气分为三个物候。二十四节气是指导农业生产的指南针，在人们的日常生活中也发挥着重要的指导作用。

2016 年 11 月 30 日，中国"二十四节气"被正式列入联合国教科文组织人类非物质文化遗产代表作名录，使得这一古老的智慧结晶重新焕发出迷人的光彩。

二十四节气表

春季	立春 2月3—5日	雨水 2月18—20日	惊蛰 3月5—7日
	春分 3月20—22日	清明 4月4—6日	谷雨 4月19—21日
夏季	立夏 5月5—7日	小满 5月20—22日	芒种 6月5—7日
	夏至 6月21—22日	小暑 7月6—8日	大暑 7月22—24日
秋季	立秋 8月7—9日	处暑 8月22—24日	白露 9月7—9日
	秋分 9月22—24日	寒露 10月8—9日	霜降 10月23—24日
冬季	立冬 11月7—8日	小雪 11月22—23日	大雪 12月6—8日
	冬至 12月21—23日	小寒 1月5—7日	大寒 1月20—21日

同学们，让我们跟随着节气的脚步走进大自然，一起观察、记录、分享物候变化，以观察身边最常见的植物、昆虫、鸟类为契机，去发现生命的美好，以自然笔记的方式去记录身边的自然故事吧！

第五单元 自主创作自然笔记

　　通过前几章的学习，相信你一定掌握了不少关于自然笔记的知识和记录方法。本章中，让我们一起到校园、到野外去观察、发现、记录，自主创作属于我们自己的自然笔记。把这些笔记加以分析、比较、总结、研究，你会有更多思考和收获。

13 在校园创作自然笔记

在校园里，有许多的自然物陪伴着我们。你是否仰望过天空，看看有哪些小鸟飞过？你是否留意过操场、走廊或养护园里的花草树木，发现它们也在悄悄生长？你是否在花坛边蹲下，仔细地看看地上的动植物"居民"？你有最喜欢的自然伙伴吗？你了解它们吗？

聚焦

校园里常见的"居民"

晨起进校，日落回家，我们在校园里有许多朋友，除了朝夕相处的老师和同学，还有生活在这里的那群真正的动植物"居民"。它们在校园里安营扎寨、搭窝筑巢，有的一扎根便是一辈子！大家可知道这说的是谁吗？一起来认识认识它们吧！

常见的植物

车轴草

石榴

黄金菊

玉蝉花

麦冬

美人蕉

广玉兰

爬山虎

常见的动物

麻雀

灰喜鹊

白头鹎

珠颈斑鸠

乌鸫

天牛

水黾

蝴蝶

练一练：认识校园里的动植物"居民"，绘制校园"居民"生活区平面图。

每个校园的环境都不同，生活在其中的动植物"居民"也会有所区别。除了以上列举的，我们的学校里还生活着哪些小"邻居"？大家可以更细致地观察，或者询问老师，也可以对照观察结果查阅资料。希望下一次进行校园介绍的时候，除了教学楼、功能教室等，我们还可以加上自然物的介绍，制作成生意盎然的校园景观平面图。

笔记小贴士：如何绘制校园"居民"生活区平面图？

绘制校园"居民"生活区平面图，应先绘制整体结构，再完善局部细节。整体布局中，先根据校园的功能区规划版面，形成校园的简化地图，再尝试在某个功能区绘制某个重点"居民"生活区，直到让每个"居民"都回到地图上的"家"……最后一定不要忘了进行文字标注哦！

走进秋冬

每年有秋季和春季两个学期，让人感受到不同季节的变化：一个从秋到冬，走向严寒；一个从春到夏，走向酷暑。

9月1日，在宜人的秋天里，我们开始了新的学年。整个学期，我们感受着秋季慢慢转变为冬季，这四个多月，校园会有哪些变化？

9月，通常还有夏的暑气，但秋天已经悄悄来临。走进校园，在哪里能找到秋的痕迹？看，太阳东升西落的时间有了变化；仰望天空，看到了南飞的候鸟；校园里秋花绽放得美丽妖娆，片片黄叶随风飘落，累累果实开始缀满枝头……秋色如此美，尝试选择一个自然物持续观察，用自然笔记记录和思考。

石楠

法国梧桐

一串红

香樟树

　　10月的校园，秋意更浓，空气中多了一份凉爽。校园里的桂花逐渐开放，许多树木的叶子也由绿转黄，一片片从枝头飘落。仔细观察校园里的树木：哪些是常绿树，哪些是落叶树（会变色并落叶的树木）？想一想：相同的生长环境中，树木为什么会有不一样的变化？

鸡爪槭

银杏

11月的风凉飕飕的，吹动着秋色的尾巴，抬头看看：校园里的鸟儿还在枝头吗？它们是不是在忙着寻找过冬的食物？你关注的那棵落叶树是不是已经在风的帮助下抖落了华丽的"大衣"？和伙伴们一起捡落叶吧，看看能收集多少种颜色的落叶。

12月到1月，慢慢进入冬天，天气变得非常寒冷。晨间进校，看看校园的灌木上是否会结霜；扒开花坛里的落叶，找找生活在这里的小"居民"去哪了。课间和活动课，离开温暖的教室到户外去，感受寒风的威力，看看冬天的天空……如果下场雪，那可一定要去摸一摸、踩一踩，那是冬日特别的礼物。别忘了继续观察，那棵带颜色的落叶树又有什么变化呢？

练一练：请以"秋""冬"为题，以校园的某一个自然物为对象，选择这两个季节里最有特色的事物创作一篇自然笔记。

在雪中越冬的珠颈斑鸠

走进春夏

2月中下旬，在料峭春寒中，第二学期开始了。让我们回到校园，一起再去仔细观察校园里的自然物吧。

充满希望的3月，天气慢慢转暖，校园里的小草慢慢长出绿芽，那棵光秃秃的落叶树也冒出新枝，小鸟欢快地在枝头叽叽喳喳，早春的紫玉兰或樱花还没什么叶子，但是花朵已缀满枝头。

4月，大多数花朵都开始绽放，争奇斗艳，分外美丽。花朵的幽香和青草的芬芳，引来各种各样的昆虫，忙碌地采蜜和传粉。这时，开过花的紫玉兰或者其他落叶木又会怎样呢？去看看吧。

植物疯长的5月，雨水充足，温度适宜，阳光灿烂。在校园里找一找：有没有燕子搭窝筑巢，开始孵化自己的宝宝？下雨天蚯蚓是不是也爱出来活动了？你留意的那棵落叶木，是不是叶子更茂密了？有没有小动物爬上了树干？

6月开始进入夏季，天气越来越热，白昼在这个月份里是最长的，酷暑即将来临。蚊虫活跃，爱吃虫子的小鸟可高兴了！同学们和大自然亲近，可要做好防蚊虫的准备。夏季的树叶格外茂盛，比春天绿得更加丰富，深的浅的，变化无穷。用心感受大自然的色彩，你会发现它从来都不会单调。

不同月份的天气和温度都在发生变化，校园里的自然物也在悄然变化，只要你有一双善于发现的眼睛，任何自然物的生长或者死亡都逃不出你的"慧眼"。

练一练：请以"春""夏"为题，以校园的某一个自然物为对象，选择这两个季节里最有特色的事物创作一篇自然笔记。

夏日荷塘

笔记小贴士：如何选择春夏的观察对象？

春夏可以寻找有季节特色的自然物去表现，注意标注时间和天气。也可以选择一个自然物，观察它在四个季节里的变化。

实践

自主创作自然笔记

在教师或家长的陪同下，运用自己学会的观察方法，去观察体验校园或周边公园的自然环境。想一想：它有什么特点（比如颜色、大小、质感、气味、粗细、形状、周围环境……）？它最吸引你的地方是什么？把你观察到的最感兴趣的现象以自然笔记的形式记录下来。

笔记小贴士：如何自主创作自然笔记？

1.可以观察一个单一的对象，也可以观察大的环境。如果是观察大的环境，可以选取一个或少数几个需要重点突出的自然物，尽可能做到介绍详细，再表达清楚每个自然物之间的联系。

2.可以持续性观察，也可以在特定时间进行观察。

3.利用放大镜、尺等观察工具可以让你的发现更丰富。

4.给自己的作品想一个有趣的名字。

拓展

设计校园植物标识牌

为你喜欢的植物设计标识牌，写上植物的名称、特点等，谈一谈自己的体会，并亲自为植物们挂牌。

14 结合研究项目创作自然笔记

　　同学们，自然笔记是我们亲近大自然的桥梁。通过自然笔记，我们观察各种自然物，运用各种研究方法研究自然物，了解到了自然界的奥秘，更学会了多种研究方法，比如比较研究法、观察研究法和行为研究法等。我们结合特定的项目开展研究活动，就能创作出与众不同的研究型自然笔记。

比较研究的发现

　　比较研究法，是对物与物之间的相似性或相异程度进行研究与判断，从而得出研究结论的方法。比较研究法可以理解为根据一定的标准，对两个或两个以上有联系的事物进行比较，寻找其异同，探求普遍规律与特殊规律的方法。

　　例如，植物种子的结构与传播有什么联系？我们从比较中发现，种子都承担着繁育后代的共同任务，但为了适应不同的传播方式，它们在结构上却有着很多不同。这些种子的结构分别有哪些特点呢？这些特点是如何适应传播方式的呢？一位同学对种子结构与传播方式开展了比较研究，并且用自然笔记记录了下来，让我们一起来看看吧！

不一样的旅行

时间：2021 年 10 月 23 日
地点：家庭实验室
天气：晴
记录人：××

●随风飘走型

蒲公英的种子十分轻，用电子秤称不出重量。种子的顶部有白色的绒絮。当一阵风吹过来，种子就会随风飘走。

●搭动物便车型

苍耳种子的表面分布着很多钩刺，类似魔术贴的粗糙面，当人或动物触碰到它时，钩刺很容易钩附在人或动物的身上，由人或动物将其带到其他地方予以传播。

●随波逐流型

莲的莲子在干枯后会自行脱落，掉在水里面发育生长。种子表面有蜡质，不会沾水，果皮含有气室，比重较水低，可以浮在水面上，由水流传播到远方。

椰子的种皮很厚，剥开有丰厚的纤维质。当椰子成熟后便从树上掉落下来，落入土壤中，长出椰子树。如果掉落到了海水中，由于椰子中空，椰肉和椰汁中含有大量脂肪和糖，可以支持它在海面上漂浮旅行到几百米甚至几千米之外的海岸。

●动物食用型

樱桃树是利用动物来传播种子的。它的种子被包裹在可口的果肉中，在野外，樱桃红红的果实能吸引小鸟来进食，而种子很难被消化掉，最后就会随着粪便给排出来。

●研究结论

种子传播的方式各种各样，有的靠风，有的靠水，有的靠动物体表携带，还有的需要通过动物食用，它们的种子结构都与传播方式有着紧密的联系。

观察研究的发现

观察研究法，是指通过观察获取研究对象的行为或现象特征，发现与研究对象有关的原理、规律的研究方法。运用观察研究法，要求所需要的信息必须是能观察的，所观察的行为必须是可重复的或者是可预测的，是观察期内可获得结果的。

捕食是动物中的普遍现象。是大虫子厉害还是小虫子厉害？很多人认为是个头大的厉害，事实真的如此吗？我们一起来看看一位同学观察的发现吧！

有偿的 "保镖"

时间：2021 年 4 月 18 日
地点：校园植物角
天气：晴
记录人：××

我在一棵黄杨树上发现了一只七星瓢虫成虫，它体长 5~6 毫米，宽 4~5 毫米，身体呈卵圆形，背部拱起，呈水瓢状。头黑色，复眼黑色，内侧凹入处各有一个淡黄色点；触角褐色，口器黑色，上颚外侧为黄色；小盾片黑色，鞘翅橙黄色，上面共有 7 个黑点，左右两侧各有 3 个，中间接合处还有一个更大的黑点。我知道七星瓢虫主要以蚜虫为食，是蚜虫的天敌。它一定在寻找食物，于是我悄悄跟踪观察它。

七星瓢虫发现了一大片蚜虫，只见七星瓢虫抓起一只蚜虫就往嘴里送。蚜虫只有 1 毫米长，显然一只蚜虫不足以满足瓢虫，短短一分钟我看见数十只蚜虫被瓢虫吃了进去。

瓢虫吃得正欢，一只蚂蚁出现了，我想这次蚜虫遭殃了——前有瓢虫后有蚂蚁，肯定是 "全军覆没"。很快，蚂蚁开始驱赶瓢虫。由于蚂蚁身长只有 2 毫米左右，一只显然不是瓢虫的对手，好在蚂蚁一般都是群体行动，于是蚂蚁越来越多。虽然瓢虫外壳坚硬不怕蚂蚁，但双拳难敌四手，最终只能落荒而逃。我想下面一定是蚂蚁的 "盛宴" 了。

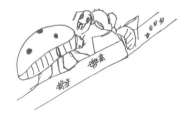

可令我大跌眼镜的是，蚂蚁没有吃蚜虫，相反还很温柔地拍打蚜虫的腹部，每隔一两分钟，这些蚜虫就会翘起腹部，分泌出一滴水状物。蚂蚁就趴在后面快速吸食。为了弄清原因，我用棉签取到了一点这种分泌物，发现这种物质有植物特有的气味，有黏度，于是我翻阅书籍，知道了这是蜜露，含有植物糖分。难怪蚂蚁爱吃！

●研究结论

通过持续观察，我发现当这三种昆虫相遇时，就会发生有趣的现象：蚜虫吸取植物汁液后将腹部翘起，分泌含有糖分的蜜露作为报酬送给蚂蚁，蚂蚁会靠近蚜虫，舔食蜜露并围绕蚜虫不离开，两者形成 "雇佣" 关系。这时如果瓢虫开始捕食蚜虫，蚜虫就发出警报，蚂蚁 "保镖" 收到警报后会赶到现场保护蚜虫，将捕食蚜虫的瓢虫驱赶离开，蚜虫就安全了。看来块头大的虫子不一定厉害，小虫子也有自保的妙招啊！

行为研究的发现

行为研究法，是指通过对研究对象的行为现象的研究，发现其行为规律的研究方法。

画个圈圈吃掉你

时间：2019 年 6 月 21 日
地点：植物园
天气：多云
记录人：××

海芋的叶子十分巨大，里面含有毒素，大家都对它敬而远之。为什么这片叶子上都是圆洞，是谁故意破坏，裁剪成这样的吗？为了弄清这个问题，我静静地等待，仔细地观察。

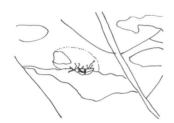

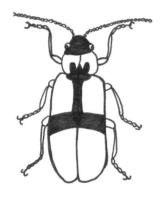

通过持续观察，我发现，原来真正的"元凶"是只黄色的小甲虫——属于鞘翅目叶甲科的叶甲。可它想吃叶子干吗要费那么大劲，难不成还先画成"叶饼"再吃？

于是我翻阅了大量资料，原来海芋叶片里有抵御动物取食的毒素，有些海芋甚至释放氰化物，一旦叶片遭到取食，毒素就会沿着叶脉被输送到"出事现场"。如果虫子慢慢吃叶片，那么毒素将源源不断地输送到虫子刚吃到的地方，虫子中毒的概率就会增大。而如果虫子先使用自己强有力的下颚切割叶片然后再吃的话，毒素就会从组织里释放出来，那么虫子中毒的概率自然就小多了。

那为什么非要切成圆形呢？原来，同样周长的平面图形中，圆的面积最大，切成圆形吃到的叶片最多，效率最高！看来叶甲十分精通数学。

● 研究结论

在以万年计的岁月长河里，叶甲和海芋这一对"老冤家"进行了长期艰苦卓绝的斗争，海芋通过进化产生毒素来防御动物的捕食，而叶甲则先画个圈圈把毒素给放出来，再吃掉叶片。也许此刻海芋正在思索着下一步如何防御叶甲，而叶甲在进化的过程中也将通过灵活多变的取食行为来攻破海芋的防御。科学家把这种现象称为生物协同进化。

为研究项目做自然笔记

在户外找到你喜欢的一类动植物或其他自然物，观察它们相同结构的细微差异，或者比较有关联的动植物，分析它们的结构特点、生活环境，又或者研究它们的行为规律等。把你观察到的现象和得出的结论以自然笔记的形式记录下来，创作出特定研究项目的自然笔记。

笔记小贴士：如何创作研究项目的自然笔记？

1. 要聚焦动植物或其他自然物的某一个问题，而不是同时研究多个问题。

2. 研究内容的选取要与问题有关，注意剔除无关研究内容。如果想对某一内容进行强调，可以把它放大为特写进行详细说明。

3. 结合你研究的问题，给你的自然笔记作品想一个有趣的标题。

4. 注意全过程记录，总结、分析现象，然后形成研究项目的完整的自然笔记作品。

开展一次研究项目的交流活动

向老师和同学们收集研究项目的专题自然笔记作品，以小组为单位总结归纳创作方法与流程。谈一谈自己的收获和体会。

附录 自然笔记作品欣赏

　　为了给大家提供一些参考，下面展示了一些同学的自然笔记作品，虽然它们可能有各自不完美的地方，但是，它们的创作者都能够走进大自然，通过自己对自然界的仔细观察、认真记录，创作出属于自己的作品。希望同学们能得到一些启发和借鉴。一起来欣赏一下吧！

作品名称：神奇的猪笼草
作　　者：邵佳怡
指导教师：黄瑶

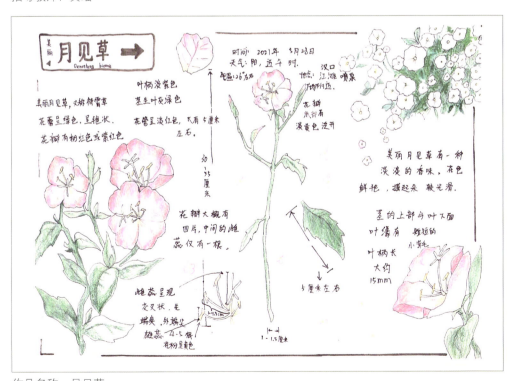

作品名称：月见草
作　　者：刘语涵
指导教师：王丽萍　童玲

作品名称：毛竹
作　　者：吴宏博
指导教师：袁烨

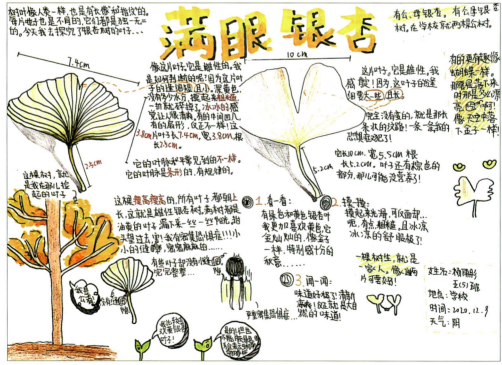

作品名称：满眼银杏
作　　者：杨雨彤
指导教师：苏玲

作品名称：大花月季月月红
作　　者：陈梓仁
指导教师：王艺

作品名称：纷飞的蒲公英
作　　者：连晨希
指导教师：潘睿

作品名称：一眼辨雌雄
作　　者：官文淇
指导教师：叶晗　罗莎

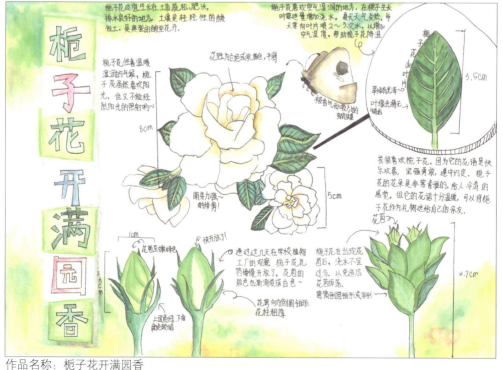

作品名称：栀子花开满园香
作　　者：喻格菲
指导教师：沈吉

作品名称：随遇而安的"肥仔"
作　　者：关彧欣
指导教师：陈梦凡　叶晓筱

后记

　　大自然那么贴近我们的生活，让我们走近它，去开启一段充满惊喜和快乐的探索之旅。

　　让我们在恬适的观察中寻找大自然的奥秘：观察蝶蛾神奇的羽化，探访草木间隐身的昆虫，感受日升月落、斗转星移中的规律之美……尽情享受这大自然丰富的馈赠，细心品味那天籁般令人陶醉的韵律。

　　试着用画笔记录下这点点滴滴，我们便能得到一篇篇生动有趣而永恒的记忆。

　　拥抱大自然吧，用一颗流淌着爱的心！自然笔记将使我们收获不一样的明天！